打造「台灣品牌」

——台灣國際政治性廣告研究

Branding Taiwan
An Overview of the GIO's International Advertisements

鄭自隆◆著

國立編譯館／主編
揚智文化事業股份有限公司／印行
2007年1月出版

序：讓台灣被看見

在全世界百餘個國家中，台灣各項表現都頂「體面」的，台灣面積36,006平方公里，面積並不大，尤其三分之二屬山地，只有三分之一可耕作面積，但台灣平均國民所得在2005年卻高達13,619美元，台灣外匯存底高達2,533億美元，出口貿易值1,984億美元，進口貿易值1,826億美元。

台灣國內生產毛額（GDP: Gross Domestic Product）逐年上升，從2002年的101,943億元，至2005年提升為111,316億元，增加了9,373億元。實際經濟成長率亦維持穩定成長，近十年來平均維持4%至5%的成長率，在已開發國家誠屬不易，國民生產毛額（GNP: Gross National Product）也有明顯成長，至2005年已達台幣114,255億元。經濟繁榮、社會安定、人民勤奮正是對台灣最好的描述。

教育是台灣另一個值得驕傲的成就，在學人口數五百三十萬餘人，各級學校總數8,289所，其中大學有150餘所，分布在全島各地，在2,300萬人口中，具大學學位有200萬人，在大學就讀有81萬人，換言之，每十位不分男女老少的台灣人中，即有一位擁有大學學歷；有碩士以上學位的有42萬人，正攻讀研究所有15萬人，在台灣科技、傳播、金融產業與政府中央公務體系，「碩士」學位已成為基本學歷。

台灣是自由民主國家，根據「自由之家」2006年的統計，台灣在全球新聞自由指標方面，在各國排行榜中名列第35名，與歐美先進民主國家同列為「自由國家」；如以亞洲地區排行來看，台灣與日本並列第一。因此「自由之家」的評比報告，台灣是一個民主鞏固的國家，堅守司法獨立及自由經濟，與其他先進國家相比，也是

媒體自由度最高的國家之一。

但台灣卻不是聯合國與WHO會員，也不被多數國家承認，參與國際活動，我國國名是不知所云的Chinese Taipei（中國的台北?!），參加奧運我們拿的是類似五洲牌麵粉袋的旗幟，台灣到底怎麼了？

台灣的困境淵源於蔣介石的「漢賊不兩立」政策，兩蔣昧於國際現勢，執著自己信仰，以致台灣國際空間越走越小，小到續任者的李登輝、陳水扁必須用錢來鞏固邦誼，讓邦交國不致掛零，蔣介石及其佞臣錯誤的外交政策，其後果讓續任者與全體台灣納稅人背負與承擔。

決策錯誤，後續的修補努力其實能發揮的功能有限，行政院新聞局部分負擔了修補的工作，自蔣介石時代起新聞局就負起對美文宣工作，蔣介石時代要捍衛聯合國席位，因此文宣就以正統中國自居（參見第二章），蔣經國時代要維護台美關係，因此宣稱我們努力買美國貨（參見第五章），李登輝時代國際文宣則呼籲「參與」聯合國，訴求台灣民主價值、頌揚台灣科技成就，政黨輪替後的陳水扁時代也依循這樣的主軸發展（參見第三章、第四章、第六章、第七章、第八章、第九章）。

銷售國家與銷售泡麵、牙膏有相同之處，也有不一樣的地方；不同的是，他國人民對另一個國家總有預存立場與刻板印象，廣告能發揮的功能委實有限。與銷售泡麵、牙膏相同的是，二者都是在賣品牌，需要品牌管理，因此本書用了第一章與第十章來討論，首尾呼應。

「打造台灣品牌」、「讓台灣被看見」都是大題目，這也是行政院新聞局一直努力的目標，本書整理了作者個人多年來的對行政院新聞局國際文宣的一些觀察，前後時間距離30餘年，第二章的 The Case of Free China 系列廣告分析是我就讀政治大學新聞研究所碩士班，選讀潘家慶老師「國際傳播」的學期報告，發表在1974年的

《報學》第五卷第三期，將之原貌呈現，除緬懷當年政大新聞系所老師的指導與教誨外，也是展現當時研究我國國際文宣的心情與角度。

2000年政黨輪替後，新聞局局長更迭頻繁，還好局內有紮實的文官體系，國際文宣維持良好運作，我參與一些局內國際文宣評審工作，發現曾共事過的國際處處長王壽來、鍾京麟、蔡仲禮、劉壽琦、李南陽、翁桂堂，以及承辦科長、科員都是極優秀、負責的公務員，工作態度令人感動。

資料整理工作我得感謝林家暉，我國國際文宣資料散佚在不同卷宗、圖書，她當時就讀文化大學新聞研究所，跟著我寫台灣國際文宣碩士論文，師生倆多日埋首成堆塵封的卷宗中，去蕪存菁找要的資料、討論，然後她寫她的論文，我寫我的報告。

報告原稿丟在書架年餘，感謝國立編譯館願意資助這種「冷門」書籍出版，也感謝二位匿名評審提供意見，本書副標題原為「台灣國際政治廣告研究」，但其中一位審查委員善意且堅持加入「性」，避免被誤認為「研究國際政治的廣告」，因此修改後的副標題成為「台灣國際政治性廣告研究」，事實上本書討論的是「台灣在國際媒體刊登的政治訴求廣告」，「國際政治廣告」指的是「國際廣告」與「政治廣告」的交集，並非「國際政治」加上「廣告」，「性」字的爭執為仁智之見，各有角度，感謝審查委員的好意，但我總認為「性」是贅詞，似以不加為宜。

對提供廣告圖檔與資料授權的行政院新聞局、長麗公司、華威葛瑞廣告公司、志上廣告公司，也要表示謝意，他們曾一起為「打造『台灣』品牌」努力過。

鄭自隆

目　錄

序：讓台灣被看見　i

第一章　國家形象廣告的意義　1

　　第一節　導　論　2
　　第二節　國際宣傳　6
　　第三節　國家品牌知識建構　17
　　第四節　台灣「國家形象廣告」訴求的回顧　23

第二章　The Case of Free China形象廣告分析　35

　　第一節　廣告內容　36
　　第二節　廣告分析　38

第三章　年度形象廣告分析　47

　　第一節　政黨輪替前之年度國家形象廣告：一九九一至
　　　　　　一九九八年　48
　　第二節　政黨輪替後之年度國家形象廣告：二〇〇〇至
　　　　　　二〇〇四年　58

第四章　「台灣民主化」形象廣告分析　69

　　第一節　一九九六年大選後之廣告　70
　　第二節　二〇〇〇年大選後之廣告　74

第五章　「平衡台美貿易」議題廣告分析　83

　　第一節　廣告內容　84
　　第二節　廣告分析　89

第六章　「參與聯合國」議題廣告分析　101

第一節　我國加入聯合國的努力　102

第二節　歷年「參與」聯合國廣告分析　107

第三節　「參與」聯合國廣告的思考　132

第七章　二〇〇四年奧運廣告　137

第一節　企劃緣起　138

第二節　文宣創意與表現　141

第三節　執行與面對之困擾　149

第八章　其他類議題廣告　153

第一節　一九九七年「動物保護」廣告　154

第二節　一九九九年「台灣關係法二十週年」廣告　159

第三節　九二一地震後廣告　162

第四節　二〇〇〇年APEC廣告　170

第五節　加入WHO廣告　174

第六節　二〇〇三年後SARS期廣告　182

第九章　國家形象廣告評選與執行：二〇〇一年個案　189

第一節　評　選　190

第二節　得案之企劃案內容　194

第三節　製作與執行　215

第四節　廣告效果調查與評估　226

第十章　結　論　231

第一節　趨勢與演變　232

第二節　「台灣品牌」指標檢驗　236

參考書目　245

表　錄

表1-1　政府宣導片與紀錄片之差異　14

表1-2　「台灣」品牌知識建構基礎與訊息評估指標　22

表2-1　The Case of Free China廣告內容　37

表2.2　「中華民國是自由國家」形象構成　40

表2-3　「中華民國是民主國家」形象構成　40

表2-4　「中華民國是進步繁榮的社會」形象構成　41

表2-5　「維護中華文化」形象構成　42

表3-1　一九九三年形象廣告媒體計畫表　56

表3-2　二〇〇〇年「綠色矽島」廣告刊登表　62

表4-1　一九九六年「跳高篇」媒體計畫表　73

表4-2　二〇〇〇年「接棒篇」媒體計畫表　77

表4-3　就職篇媒體計畫表　78

表5-1　形象塑造　92

表5-2　政治符號的運用　95

表5-3　三類可讀性分數之變異數分析　97

表6-1　協力車廣告媒體計畫表　108

表6-2　號誌燈廣告媒體計畫表　112

表6-3　拼圖篇媒體計畫表　115

表6-4　一九九三至二〇〇三年於《紐約時報》刊登參與聯合國
　　　　專文廣告　125

表8-1　台灣關係法二十週年廣告刊登表　162

表8-2　二〇〇三年各國SARS總病例與死亡人數　183

表9-1　二〇〇一年國家形象廣告採購案企劃要求與評審標準表
　　　　193

表10-1　「台灣」品牌指標運用建議　241

圖　錄

圖1-1　台灣政府國際廣告類型　5

圖1-2　以非官方機構署名之國際宣傳廣告　8

圖1-3　國家形象形成與塑造　16

圖3-1　「5000＋80」廣告（1991）　49

圖3-2　「中國功夫」廣告（1992）　51

圖3-3　「朱銘雕刻」廣告（1992）　51

圖3-4　「蝴蝶的蛻變」廣告（1993）　52

圖3-5　「蝴蝶的蛻變」海報（1993）　53

圖3-6　「蝴蝶的蛻變」書籤（1993）　53

圖3-7　「以投票選擇未來」廣告（1998）　57

圖3-8　「連結二十一世紀」廣告（1998）　60

圖3-9　「台灣民主已獲成果」廣告（1998）　60

圖3-10　「綠色矽島」廣告（2000）　61

圖3-11　"Miss Taiwan"廣告（2003）　64

圖3-12　「台北101大樓」廣告（2004）　65

圖4-1　「跳高」廣告（1996）　72

圖4-2　「接棒」廣告（2000）　76

圖4-3　「民主的微笑」廣告（2000）　77

圖5-1　「買美國貨-1」廣告（1987）　86

圖5-2　「買美國貨-2（平衡）」廣告（1987）　86

圖5-3　「買美國貨-3（歡迎）」廣告（1987）　87

圖5-4　「買美國貨-4（投資成長）」廣告（1987）　87

圖5-5　「買美國貨-5（晶片）」（1987）　87

圖5-6　「買美國貨-6（掃除貿易壁壘）」廣告（1987）　87

圖5-7　國際政治傳播刺激反應模式　90

圖6-1　「協力車」廣告（1993）　107

圖6-2　「號誌燈」廣告（1994）　111

圖6-3　聯合國五十週年「拼圖」廣告（1995）　114

圖6-4　「芭蕾舞鞋」廣告（1999）　119

圖6-5　「地鐵車票」廣告（2003）　123

圖6-6　公車亭的「台灣加入聯合國」廣告（2003）　123

圖6-7　"UNFAIR"廣告（2004）　130

圖6-8　「威權中國不能代表民主台灣」廣告（2004）　130

圖6-9　公車亭的「台灣加入聯合國」廣告　131

圖6-10　"UNHappy Birthday"直式廣告（2005）　131

圖6-11　"UNHappy Birthday"橫式廣告（2005）　131

圖7-1　奧運廣告LOGO-1（2004）　142

圖7-2　奧運廣告LOGO-2（2004）　142

圖7-3　奧運雜誌廣告（2004）　143

圖7-4　奧運機場行李推車廣告（2004）　145

圖7-5　奧運機場外巨型看板廣告（2004）　145

圖7-6　奧運電車車體廣告（2004）　146

圖7-7　運動帽　146

圖7-8　T恤（2004）　147

圖7-9　臉上彩繪貼紙（2004）　147

圖7-10　加油棒　148

圖7-11　加油布條（2004）　148

圖7-12　奧運機上雜誌廣告（2000）　151

圖8-1　「台灣獼猴」廣告（1997）　158

圖8-2　台灣關係法二十週年篇廣告（1999）　161

圖8-3　「四海一家」廣告（1999）164

圖8-4 「水晶球」廣告（1999） 168

圖8-5 「燈籠」廣告（1999） 168

圖8-6 APEC「擁抱地球」廣告（2000） 172

圖8-7 「用台灣經驗充電」廣告（2005） 173

圖8-8 「誰沒有在WHO裏？」廣告（2002） 180

圖8-9 「WHO cares?」廣告（2004） 180

圖8-10 「愛」廣告（2004） 180

圖8-11 「病毒與小女孩」廣告（2005） 181

圖8-12 「援助台灣，報以微笑」廣告（2003） 185

圖8-13 感謝美國廣告（2003） 185

圖9-1 工作規劃流程圖 195

圖9-2 「小國島民、巨人風範」台灣形象LOGO（2001） 198

圖9-3 二〇〇一國家形象廣告計畫架構 199

圖9-4 A案電視腳本I 200

圖9-5 A案電視腳本II 203

圖9-6 「戲偶I」草圖（2001） 206

圖9-7 「戲偶II」草圖（2001） 206

圖9-8 「戲偶III」草圖（2001） 206

圖9-9 B案電視腳本 208

圖9-10 「丁肇中篇」草圖（2001） 214

圖9-11 「喜瑪拉雅山篇」草圖（2001） 214

圖9-12 「慈濟篇」草圖（2001） 214

圖9-13 二〇〇一國家形象廣告執行架構 217

圖9-14 「關公與PDA」廣告（2001） 218

圖9-15 「孫悟空與手機」廣告（2001） 218

圖9-16 公關贈品——「關公」布袋戲偶（2001） 223

圖9-17 公關贈品——帽子（2001） 223

第一章

國家形象廣告的意義

如果將國家視爲「品牌」，那國家和一般商品一樣都需要廣告，經由廣告可以塑造形象、陳述議題，或招攬經貿、促進觀光旅遊。

國家品牌的塑造要經由國際宣傳，廣告只是宣傳的方式之一，品牌塑造由品牌知識所建構，而品牌知識包含品牌知覺與品牌印象；亦即要經由廣告建構國家品牌，必須同時提供品牌知覺（告知台灣基本資訊）與塑造品牌印象（建構對台灣的獨特認知）。此外，國際宣傳的訴求不應該來自主事者或政府領導人的好惡，而是應該盱衡當時國際情勢與國內政經條件而製訂。

第一節　導　論

什麼是「國家形象」？想到日本就連想到「精緻優雅」、新加坡「朝氣蓬勃」、香港「購物天堂」、法國「浪漫熱情」、英國「拘謹守法」、德國「工藝領先」、瑞士「風景秀麗」、美國「地大物博」，很多人並沒有到過這些國家，也沒有認識該國的人民，但仍然腦海會浮現該國「國家形象」，這些形象的塑造大都來自宣傳。

所有國家都會進行宣傳，宣傳不但使用大眾媒介，也會存在各種藝術作品中，繪畫、雕塑、建築、戲劇、音樂、服飾，乃至運動或髮型均能傳達政治觀點，而成爲宣傳，西班牙著名畫家Francisco de Goya的「戰爭災難」（Disasters of War）系列畫作，美國攝影家Lewis Hine的作品，以缺乏父親的家庭照，暗示一家之主的缺席導致家庭貧困，來呈現父權照護下的基督教文明，都被視爲宣傳 ❶。

宣傳有來自政黨、政治人物、異議團體、創作者個人，但大部分來自掌握國家機器的政府，這種由政府主導的意識形態或國家關

係宣傳，不但對內也會延伸至國外，即使世界第一強權的美國，早期也有美國之音（Voice of America; VOA）的海外廣播，或使用平面媒體對外國菁英分子進行區隔化的宣傳，台灣六〇年代的大學生均免費收到美國新聞處贈送的《學生英文雜誌》（*Student's Review*），該刊物主要宣傳美國文化美好的一面（李義男，1970），對社會菁英則透過《今日世界》，以塑造美國民主、自由、富裕的形象（羅森棟，1970）。而好萊塢電影更是不斷灌輸美國自由、平等、充滿機會的資本主義式的「美國夢」。

以傳播元素審視國際宣傳，政府的國際宣傳具備以下特質：

1. 傳播者：本國政府，或本國政府之委託對象（外圍機構）。
2. 傳播對象：外國政府或民眾，尤其應以菁英分子為主要訴求對象。
3. 傳播訊息：可分為政治性訊息與非政治訊息，政治訊息包含國家整體形象塑造，或針對特殊議題進行說服，或宣揚特定意識形態，非政治性訊息則如國際招商或觀光旅遊招攬。
4. 傳播通路：應有整合行銷傳播的思維，整合不同傳播工具（如廣告、國會遊說、參展、酒會、演講、媒體參訪等）邁向同一傳播的目標。
5. 傳播效果：提升民眾對該國的認知，建立外國政府對該國良好的態度。修正刻板印象，甚或表態支持，或購買該國商品，赴該國觀光旅遊等。

台灣由於外交處境艱困，因此著重國際宣傳，尤其對美國的宣傳著力更深，除常用的國會遊說、外交酒會、媒體邀訪等人際傳播外，亦進行大眾媒體的宣傳。早期發行英文《自由中國評論》（*Free China Review*）定期向美國菁英呈現台灣現況與觀點（周明義，1970）。而一九七一年以慶祝中華民國開國六十週年為主題，在

《時代周刊》刊登十二頁特刊廣告，以及一九七三年在《紐約時報》刊登 "The Case of Free China" 十二幅文字廣告，開啓台灣在美進行政治廣告的先河。

所謂「廣告」，美國行銷學會的定義是 "Advertising is any paid form of nonpersonal presentation and promotion of goods, service or ideas by an identified sponsor."（廣告是由可被辨認的廣告主，以任何付費的形式對商品、服務或觀念做非人際的展示與推銷），這個定義強調以付費的方式，購買媒體來做展示或推銷，因此本書所討論的「政府國際廣告」係指政府以付費方式購買國外媒體的版面或時間所出現之廣告素材。

台灣政府國際廣告可以分為政治廣告與商業廣告兩種主要類型（見**圖**1-1）。而政治廣告可再分為：

1. 國家形象廣告：如上述 "The Case of Free China"，塑造中華民國是自由、民主、保存傳統文化、經濟繁榮的正面國家形象，或如一九九二年「台灣的生命力」系列廣告均是。
2. 政治議題廣告：即針對特殊議題而進行之廣告，如針對加入聯合國、一九九九年九二一地震對國際社會支持表示感謝，或為表達平衡台美貿易決心於一九八七年所進行 "We Buy American" 系列廣告均屬此類。

商業廣告指的是具商業目的而進行的廣告，又可分為兩類：

1. 經貿招商廣告：以訴求台灣商品形象的廣告，如外貿協會近年推動的「台灣精品」（Symbol of Excellence）廣告即是。
2. 觀光旅遊廣告：招攬國外旅客至台灣旅遊觀光的廣告，如交通部觀光局近年開發日本市場，吸引日本人來台旅遊的行銷活動與廣告。

▲圖1-1　台灣政府國際廣告類型

　　亦即政治性廣告指的是以國家形象塑造（包含早期的意識形態宣揚，如以「自由中國」對抗「共產中國」或「紅色中國」）或政治性議題（如加入聯合國或WHO）為訴求的廣告，而商業性廣告指的是經貿招商、觀光旅遊的廣告。

　　政府國際廣告的進行絕非隨性之作，背後一定有其嚴謹的思考，而思考的基礎在於國際情勢的變化，以及當時國內社經狀況與政治狀況，這也是學者所言，廣告表現係受到社會變遷（social change）的制約（鄭自隆，1999）。對政府國際廣告而言，「社會」指的是更大的範圍，不但是國內的社經政治條件，更與國際社會互動有關。

　　國家形象廣告與政治議題廣告均由行政院新聞局負責，而經貿招商廣告大多由外貿協會推動，觀光旅遊廣告則由交通部觀光局處理。本書集中討論行政院新聞局負責的台灣政府國際性政治廣告，包含國家形象廣告與政治議題廣告。

　　除本章通論國家形象廣告的意義外，第二至四章討論形象廣告，第二章分析一九七三年的The Case of Free China系列專文廣告，第三章分節討論二○○○年政黨輪替前後的年度國家形象廣

告，第四章分析一九九六年與二〇〇〇年兩次總統大選後，訴求「台灣民主化」形象廣告。

第五至第八章討論議題廣告，第五章分析1987年為訴求平衡台美貿易大幅順差的 "We Buy American" 系列廣告，第六章評論「參與」聯合國議題廣告，第七章討論二〇〇四年奧運廣告，第八章討論其他類議題廣告，含一九九七年「動物保護」廣告、一九九九年「台灣關係法二十週年」廣告、九二一地震後廣告、二〇〇〇年APEC廣告、加入WHO 廣告與二〇〇三年後SARS期廣告；第九章以二〇〇一年個案，介紹國家形象廣告評選與執行，第十章為結論。

此外並根據品牌理論，在第一章建構「台灣」品牌知識評估指標，作為理論架構，並在最後一章討論「台灣品牌」指標檢驗，綜合評論行政院新聞局負責的國際政治廣告，以瞭解我國國際宣傳的演變與「台灣」品牌之建構。

第二節　國際宣傳

一、傳播者

所有的傳播行為均有「傳播者」，而廣告倫理也要求廣告應有明確的廣告主（an identified sponsor），國際宣傳亦如是，國際宣傳的傳播者應為本國政府，或本國政府所委託的對象。

在冷戰時期我國的國際廣告內文常以Free China為名，以對抗西方國家認知中的Red China，LOGO則使用The Republic of China，但此英文國名與中華人民共和國英文名易生混淆，七〇年代後逐漸將

Taiwan與The Republic of China並列，而九○年代由於國內傳統意識形態紛擾，因此使用一個不像國名的 "Today's Taiwan, Republic of China" 做爲廣告主的LOGO，並沿用至今。

除以國家做爲廣告主外，由於外交困境或爲突顯傳播來源可信度（source creditability），早期行政院新聞局亦曾委託美國僑社刊登廣告（見**圖1-2**）。

我國主要負責國際宣傳的機構是行政院新聞局（以下均簡稱新聞局），新聞局於一九四七年在南京創立，首任局長爲董顯光。一九四九年四月時局緊張，行政院緊縮編制，新聞局撤銷。至一九五四年政府因應國內外情勢需要，方恢復新聞局建制迄今。

根據「行政院新聞局組織條例」第二條規定，新聞局設下列各處、室，並得分科辦事：

1.國內新聞處。
2.國際新聞處。
3.出版事業處。
4.電影事業處。
5.廣播電視事業處。
6.資料編譯處。
7.視聽資料處。
8.綜合計畫處。
9.聯絡室。

因二○○六年國家通訊傳播委員會成立（簡稱NCC），廣播電視事業處部分業務移撥該委員會，因此二月縮編爲「廣電產業輔導小組」，但該年十一月即恢復「廣播電視事業處」之編制。

其中國際新聞處負責對外傳播，新聞局組織條例第四條規定，國際新聞處掌理下列事項：

Taipei and Peking:
Both Sides Win by Facing Reality

The Republic of China (on Taiwan) has persisted in promoting exchanges with the Chinese mainland to gradually improve cross-Straits relations. At the same time, it must safeguard the basic rights of the 21 million people of Taiwan. This involves working in every possible way to gain admission to international bodies and activities.

The ROC government's policy toward the mainland throughout this decade has been to promote exchanges according to the principles of reason, peace, and parity. The ultimate goal is a free, democratic, equitably prosperous, and reunified China.

However, achieving this goal will take time and involves facing reality: China has been divided since 1949, and each side of the Taiwan Straits is ruled by a separate entity. Thus, prior to reunification, the ROC naturally needs sufficient room to maneuver and an appropriate status for its survival and growth. The international community should not ignore the existence of the 21 million people of Taiwan.

Unfortunately, the Chinese mainland authorities want the world to believe anything but this reality, and to follow their example of blithely forgetting about the basic need and right of the 21 million people on Taiwan to survive and grow. This is the central issue that stands in the way of better cross-Straits relations. Thus, Peking's disingenuous pretenses to the contrary have to yield to the reality that China is divided and separately ruled if the two sides are to end the current state of national division and divided rule, and ultimately achieve reunification. Nothing is going to be resolved by one side accusing the other of promoting "two Chinas," or "one China, one Taiwan." Nor will it do to label every reasonable and responsible move to stand up for the interests of the 21 million people of Taiwan as "pro-Taiwan Independence." The Republic of China has existed ever since its founding in 1912. The ROC has not lost its national identity or sovereignty because of the restriction of its administrative area to the islands of Taiwan, Penghu, Kinmen, and Matsu. Conversely, never since the founding of the People's Republic of China in 1949 has the PRC exercised control over the Taiwan area. This is an incontrovertible fact. The truth is inescapable: Only by facing this reality can the two sides resolve this issue and get on with the process of reunification.

Sadly, reality did not prevail this past summer when the mainland held a series of missile tests in the coastal waters near Taiwan. This, along with Peking's repeated refusals to renounce the use of military force to "solve the Taiwan problem," amounts to a concerted campaign to intimidate Taiwan into going along with Peking's "one country, two systems" scheme, no matter how counterproductive such heavy-handedness may be for achieving the peaceful reunification of China. Despite Peking's justification of its provocative missile tests as an "internal matter," these acts have nations in the East Asian region worried about regional stability, and nations elsewhere concerned for their own interests in the region. Naturally, such callous actions have offended the Taiwan public and have seriously set back the progress in cross-Straits relations built up so painstakingly over recent years.

The main hope must be that Peking comes to realize that this unrealistic strategy gets neither side anywhere. The most positive contribution to the stability and prosperity of both sides of the Taiwan Straits and to the future reunification of China would be for the mainland authorities to demonstrate genuine concern for the welfare of all Chinese, renounce the appalling idea of Chinese fighting Chinese, and replace military threats with sincere negotiation and cooperation. The ROC government's efforts to promote closer cross-Straits relations fully mirror the will of its people. Their welfare demands continuing efforts to devise ways of bolstering mutual confidence and exchange, between Taiwan and the Chinese mainland, in the interest of national reunification. However, reality must prevail here too: Reunification cannot be at the expense of any security guarantee for the 21 million people of the Taiwan area.

For its part, all Peking has to do is respect the will of the people and accept the reality that China is divided and ruled separately. Then there will no longer be any need for the mainland authorities to ignore human rights or to prevent the Republic of China from participating in international activities. Facing reality is the only genuine way to contribute to the peaceful reunification of China, and to regional stability and world peace.

TODAY'S TAIWAN
REPUBLIC OF CHINA

Taiwan Welfare Association in New York, 135-09 38th Avenue, Flushing, NY 11354

Background material can be sent to your fax machine by dialing 1-800-753-0352, ext.711.
Access more extensive information through the Internet at http://www.taipei.org.
Your comments are also welcome via e-mail: ROCTAIWAN@taipei.org.

▲圖1-2　以非官方機構署名之國際宣傳廣告

說明：此為行政院新聞局刊登之廣告，但廣告主署名"Taiwan Welfare Association in New York"。

資料來源：紐約時報，1995年10月24日。

1.國際新聞傳播工作之策劃事項。

2.駐外新聞機構工作之指揮、督導、考核事項。

3.國際新聞傳播工作之交流合作事項。

4.國際展覽之策劃、參加及配合事項。

5.有關我國之國際輿情與新聞電訊之研析及處理事項。

6.對外宣揚國情之文字視聽資料統一運用事項。

7.對外新聞傳播機構之協調及輔導事項。

8.其他有關國際新聞傳播工作事項。

在國際新聞處職掌的「國際新聞傳播」、「國際展覽策劃」、「對外宣揚國情」等項目均包括了「國際宣傳」的意涵。其中新聞局駐紐約「中華新聞文化中心」之運作,運用網際網路以七種國際語言從事文宣,接待外國記者,出版各種定期與不定期出版品,以及不定期在外國刊登廣告,均是國家對外宣傳的具體表現。

新聞局的定期刊物有《光華畫報》月刊(中英文對照版、中西文對照版,以及中日文對照版)、英文《自由中國評論》月刊、法文《自由中國評論》雙月刊、西文《自由中國評論》雙月刊、德文《自由中國評論》雙月刊、俄文《自由中國評論》雙月刊、德文《自由中國評論》雙月刊、英文《自由中國紀事報》(周刊)、法文《中華民國迴響報》(旬刊)、西文《中華民國報導》(旬刊)、《中華民國英文年鑑》、中文版及英文版《總統言論集》(年刊)、《行政院院長言論集》(年刊)、《行政院公報》(周刊)、《行政院新聞局公報》(月刊)等十七種,每年發行量約達三百七十萬份,發行地區涵蓋全世界一百六十餘的國家暨地區,所刊載內容並廣獲國外重要媒體轉載。

不定期刊物部分,在內容方面有中華民國一般概況、政治、外交、經濟與建設、環保與保育、歷史文化、宗教、首長傳記與言論

等；在類型方面，則包括專書、小冊、摺頁、說帖、明信片及海報等；發行語版有中、英、德、日、西、俄、韓、匈、義、荷、波、捷、阿、印尼等，每年總發行量約爲兩百萬冊（份）❷。此外，行政院新聞局亦不定期、針對各種主題進行國際廣告，以行銷台灣。

除國際處外，新聞局其他單位如視聽資料處、資料編譯處、廣播電視處、電影處亦就其主管或兼管業務，也會有國際互動，其中視聽資料處負責國際宣傳影片的拍攝，也是重要國際文宣單位。

二、傳播對象

國際宣傳的對象應爲外國政府或民衆，並應視傳播內容的不同而區隔適當的對象。

觀光旅遊廣告對象爲一般民衆，招商經貿廣告對象爲國際工商人士，均無爭議，但政治廣告則應視不同議題而有不同的傳播對象區隔，一九七三年的A Case of Free China系列廣告，宣揚台灣的自由民主、經濟繁榮、保存傳統中華文化，選擇《紐約時報》爲刊登媒介。一九八七年的We Buy American系列廣告，宣示我國平衡台美貿易逆差的決心，刊登於《時代週刊》（*TIME*），顯然均以菁英分子爲對象。

而二〇〇三年、二〇〇四年的加入聯合國廣告，使用聯合國大樓外的巴士候車亭廣告，二〇〇四年、二〇〇五年的爭取加入WHO，使用機場的燈箱廣告，則以一般民衆爲對象。

國際宣傳中對傳播對象的思考，直接回應在傳播效果，傳播對象不能精準，則傳播效果必將產生折扣。

三、傳播訊息

國家形象廣告的訊息呈現，可以分成政治性訊息與非政治性訊息。政治性訊息有針對國家整體形象、民主發展、經濟成就做爲訴求的一般性廣告，以及針對特殊事件或議題，如加入聯合國、WHO，對抗SARS，保護動物，參加奧運等特定主題的廣告；非政治性訊息，如招攬觀光旅遊、訴求國家精品或經貿招商的廣告。

以時間軸綜合來看台灣國際宣傳的主題，五〇年代與六〇年代，主要訴求爲反共形象與確保聯合國席次，七〇年代訴求台美關係，八〇年代則以台美經貿爲訴求，九〇年代迄今，則強調台灣民主成就，以及針對加入聯合國與WHO爲議題。有關台灣國家形象廣告訴求主題演變，在本章第四節另有說明。

以訊息結構而言，台灣對外形象廣告均以單面說服（one-sided persuasion）爲主要手法，鮮少使用兩面（two-sided）說服，使用兩面說服必須謹慎，否則容易形成走火效果（back-fire effect）。一九七三年的The Case of Free China系列廣告，其中一幅廣告在讚揚台灣的富足與進步外，也談及空氣污染與交通阻塞問題，雖然是負面訊息，但負面訊息卻更能烘托或突顯正面訊息的涵意，這是很好的兩面說服手法；二〇〇一年國家形象廣告影片，以電影《致命吸引力》影像開場，大雨中傘都壞了，罵聲「台灣製的」，帶到台灣現在已經不做傘了，改做傘狀衛星通訊設備，來訴求台灣科技成就，這雖也是兩面說服，但卻容易勾起閱聽人不快的回憶，未必是適當的兩面說服。

在訊息強度方面，台灣的國家形象廣告常以軟性推銷（soft-selling）爲主，以加入聯合國廣告爲例，一九九三年「協力車篇」，以多人協力車少了一個人上坡吃力，來象徵台灣的缺席；一九九四

年「交通燈號篇」，表示台灣等候聯合國的「綠燈」以便通行；一九九五年「拼圖篇」，以聯合國拼圖缺少一塊，象徵因台灣缺席不能組成完整圖案；一九九九年「芭蕾舞鞋篇」，廣告圖片中一雙孤伶伶的舞鞋，象徵台灣已經做好準備在國際舞台大放異彩，但卻都被冷落了；二〇〇三年的「地鐵車票篇」，主張台灣應該搭上聯合國列車。這些廣告在強度上都偏向軟調，甚至有點自憐與自怨自艾。

但二〇〇四年的加入聯合國廣告，強度有了明顯的轉變，第一篇"UNFAIR"，訴求聯合國對台灣的不公平，將聯合國的UN與公平（FAIR）合在一起，一語雙關；第二篇「權威中國不能代表民主台灣」、第三篇「台灣二千三百萬人需要有自己的聲音」，強度明顯與往年不同，二〇〇五年適逢聯合國六十週年，台灣更以"UNHappy Birthday"為主題，明確表達不滿。

訊息呈現偏「軟」或偏「硬」並無定論，須視議題與外在客觀形勢而定，以加入聯合國為例，雖然外在局勢並不有利，但只要台灣內部形成共識，有了一致的聲音，則訊息呈現可以更「強」些。

四、傳播通路

廣告訊息的傳播通路主要是四大媒體（電視、報紙、雜誌、廣播），以及近年崛起的網路。我國國際廣告歷年來均以報紙為主，再輔以雜誌，並以當地國菁英分子為訴求對象，電視廣告因為昂貴，所以鮮少使用，二〇〇一年的"Great People from a Small Island"，曾製作電視廣告，九二一地震感謝各國支援，也有向國際表達感謝的電視廣告。

網路也是近年來被使用的媒體，二〇〇一年國家形象廣告透過網路宣傳，有不錯的反應，此外一些補助性媒體（support media）也視議題而運用，如加入聯合國與WHO的廣告，曾使用戶外媒體，

其中加入聯合國的影像廣告亦一度考慮使用紐約時代廣場的戶外電子看板。二○○四年的奧運廣告，使用了機場外的T-bar廣告，以及機場內的看板、手推車，以及雅典的公車車體。

國際宣傳當然不只使用廣告，任何傳播工具均可以整合使用，人際傳播如國會遊說、媒體參訪、國慶酒會、演講，事件行銷如舉辦國際活動（亞運、奧運、全球扶輪社年會）均可交互使用。

而大眾傳播的運用，除廣告外，主動發布新聞稿、投書報社，以及拍攝國際宣傳影片供國外媒體運用均屬大眾媒體的運用。

我國國際宣傳影片的拍攝由行政院新聞局視聽處負責，自一九六○年拍攝《清明上河圖》以來，每年均有作品推出，除由局內自製或專案比稿外，尚有委外製作。影片運用方式，除提供國外媒體外，亦鼓勵參與國際影展，經由影展得獎，取得新聞曝光。

隨著國內政治形勢的轉變，國際宣傳影片的內容也明顯不同，早期以政治〔如《蔣總統傳》（1965）；《總統蔣公國喪實錄》（1975）；《開國五十年》（1961）〕、中國符號（如《中國音樂》、《中國舞蹈》、《中國民間故事》）為主，近期則轉向台灣在地民俗風土與文化活動，如《蜂炮》（1989）；《水里陶》（1988）；《美濃傘》（1988）；《寶島風情錄》（1992）；《寶島組曲》（1992）；《台灣節慶》（1994）；《台北映像》（1996）；《台灣客家》（2000）；《台灣歌仔戲》（2003）；《台灣花卉》（2005）。

政府之國際宣傳影片雖常以紀錄片方式拍攝與呈現，都是展示「客觀訊息與主觀觀點」，但二者還是不同（見**表1-1**）。

國際宣傳片是呈現政府觀點，紀錄片是呈現拍攝者觀點，在國際宣傳片中政府觀點絕對是凌駕拍攝者觀點，以目的而言，國際宣傳片是為宣傳，紀錄片常帶有濃厚的「反省」意涵，偏向對弱勢者的支持，或不正常現象的揭發，以手法而言，國際宣傳片常是報喜不報憂，呈現單向或官方的現實（reality），如蔣介石《國喪實錄》

▼表1-1　政府宣導片與紀錄片之差異

比較點	政令宣導片	紀錄片
角色	參與的鼓吹者，但常偽裝為中立的觀察者。	中立的觀察者，或參與的鼓吹者。
觀點	政府觀點	拍攝者觀點
目的	宣傳	反省
切入角度	報喜不報憂； 一致的觀點； 相同的聲音。	正反意見並陳。

呈現的是全民如喪考妣，而紀錄片則是正面意見與反面意見並陳，拍攝者的角度可以是中立的觀察者（neutral observant），也可以是參與的鼓吹者（participant advocator）。

　　電影與電視節目也是國際宣傳很好的媒介與呈現方式，美國透過好萊塢電影成功推銷了美國的價值觀、意識形態與生活方式，好萊塢的「美國夢」成了許多人的嚮往；電視劇也是，早期的台灣電視充斥美國影集，近期則是日劇與韓劇，與電影的「單擊」效果（one-shot effect）不同，電視劇由於是連續性，因此有「長效」的效果，具涵化（cultivation）能力，這也解釋了為什麼韓國的電視影集近年在台灣造成「韓流」的原因。這些電視劇不但有助於韓國國家形象的提升，更帶動了影音產品外銷與觀光旅遊的實際經濟效益。

　　在國際宣傳的環節上，電影與電視劇的外銷是台灣最應強化的項目，目前行政院新聞局與國際大型節目供應商合作製作節目，以介紹台灣的人物風土，正是往這個方向補強。

五、傳播效果

與一般的傳播類型一樣，國際宣傳也是期待如下的三個層次效果：

1.認知效果（cognition）：提升外國民眾或菁英分子對台灣的認知——基本資訊（土地、人口、政府體制）、國際政治立場、經貿科技能力、風土民情、觀光旅遊資源。

2.情感效果（affection）：提升對台灣的好感或修正刻板印象。

3.行爲效果（behavior）：即以「行動」來支持台灣——購買台灣商品、赴台旅遊，或以實際作爲表達對台灣的支持，如投書報社、寫信或打電話給參眾議員要求支持台灣。

整體而言，所謂國際宣傳的傳播效果在於建構形象或修正形象。所謂「形象」（image）指的是一種「態度」（attitude）或「心理的畫像」（mental representation）。Boulding（1956）在五〇年代中期進行關於形象的研究，指出人對其外在世界的所有事物，均有某種程度的認識，這種認識便稱爲形象。而形象除了可顯示個人對某事物目前的認知和態度外，也包含了個人對某事物過去和未來的看法，亦即形象會因認知系統的變化而有所改變。

曾來台擔任政治大學新聞系客座教授的John Merrill，研究墨西哥報紙如何形塑美國的國家形象時，認爲形象是「刻板印象」（stereotype）與「概念化圖像」（generalized picture）的綜合體，由此形成一種全面性的代表意象，同時也是描述一國政府、人民特性或個人特徵最簡潔的方法（Merrill, 1962）。

基本上「形象」與「刻板印象」是類似的概念，傳播學以及政治學學者多用「形象」，而社會心理學則多用「刻板印象」一詞。最

早提出刻板印象的Walter Lippmann認為，刻板印象如「腦海中的圖畫」（pictures in our head），它有著與地圖類似的功能，既能大量地簡化認知的過程，也可以即時提供明確的參考架構。Merrill則認為刻板印象與形象一詞，根本上是同義的，兩者皆具備下列特徵：都是籠統且具概括性的，都是一個人對某個人或某群人特性的描述，都是一個人對某個人或某群人的一種態度（Merrill, 1962）。

「國家形象」也屬形象廣告的範疇，對另一國家的形象形成，會來自直接經驗與間接經驗，直接經驗包含人際接觸與參與（見圖1-3），如到該國洽商、旅遊、留學，與該國人民的接觸感受等，此外，對該國商品的使用經驗也會形成對該國的形象，認為瑞士手錶不差的人，對瑞士的印象大概也不會壞，喜歡LV皮包的人，應該不會討厭法國；間接經驗來自教育與大眾媒體，台灣的教育對「中國」概念充滿矛盾，歌頌中國文化、歷史，卻詆毀現在的中國政府，以致台灣民眾對中國形象形成兩極，而大眾媒介（電視、電影、報紙、雜誌）對他國形象的塑造更具影響力，喜歡看日劇、韓劇、好萊塢電影的人，很可能成為「哈日」、「哈韓」或「哈美」一族。

由於形象概念籠統含混，因此與其推銷國家形象倒不如把國家

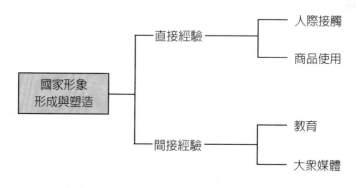

▲圖1-3　國家形象形成與塑造

形象「品牌化」，以具體的品牌來從事國際行銷與宣傳。

第三節　國家品牌知識建構

「品牌」可以是名稱（name）、標誌（sign，如蔣經國的夾克、鳳飛飛的帽子）、符號（symbol，如政黨標準色或黨徽）、口號（如提到「科技始終來自於人性」就會想到Nokia），或具上述元素的組合。品牌的功能在於區隔競爭者與突顯自己，其最終目的係提升消費者認知與促進購買。不只商品或服務需要品牌，政黨、政治人物、演藝人員、運動選手，甚至地區、城市，都可以透過標記、符號、口號來塑造品牌，以爭取好感或支持。面對全球化的競爭，「國家」也是「品牌」，也應該進行品牌建構。

國家品牌建構的基礎在於品牌知識結構（brand knowledge structure），而Keller（1998）認為消費者的品牌知識由品牌知覺（brand awareness）與品牌印象（brand image）構成。

一、品牌知覺

品牌知覺，簡單的說就是建立品牌知名度，這也是品牌行銷中最主要的傳播任務。Aaker 等人（1992）認為品牌知覺是「廣告」變項影響品牌忠誠度與試購等「行為」變項的重要中介變項，新品牌沒有建立品牌知覺，就不可能有試購，遑論品牌忠誠。此外，也必須有了品牌知覺，才可能形成品牌理解（brand comprehension），以形成對品牌特徵的認知，最後方能建構品牌形象。

Keller（1998）認為建立品牌認知，主要靠消費者對品牌的「經驗」。這種經驗不只是商品的使用經驗，更重要的是透過廣告、

促銷、贊助、事件傳播等活動,廣泛讓消費者認知品牌名稱、符號、口號或商品包裝。

　　品牌知覺主要建構自我品牌在消費者腦海中商品類型階層(product category hierarchy)圖中的位置。消費者認知中的「飲料」包含「水」與「加味飲料」兩種類型,加味飲料又分為「酒精類」、「非酒精類」,非酒精類飲料又分為茶、咖啡、汽水、果汁等。廣告必先提醒該商品在商品類型階層圖的位置,以便消費者產生深度(有幾個階層)與廣度(每一個階層又有那些相關商品與競爭商品)的聯想,這種商品類型階層,事實上也就是幫助消費者建立參考架構(reference frame)。對國家品牌而言,廣告必須告知外國人該國基本資料,以及該國在國際網絡中的地位,讓外國人能夠將該國與其他所認知的國家相比較。

　　品牌知覺的目的,最後在於形成消費者的回憶(recall)與再認(recognition),確認是消費者能描述品牌特徵,回憶則是從眾多品牌記憶中,被消費者檢索出來。當然最終目的在於建立品牌忠誠與購買。

二、品牌印象

　　Keller(1998)認為品牌印象來自聯想(association),因此品牌印象來自與聯想有關的四個子題:

(一)品牌聯想類型

　　品牌聯想類型又分為三個要素:

　　1.特徵(attributes):有特徵常是消費者對品牌的直覺聯想,亦即品牌對消費者最深刻的印象描述,它可與商品有關(如

原物料、口味、包裝、功能），也可能與商品無直接關係（如使用情境、價格、使用感覺）。對跨國傳播，Caudle（1994）建議使用地標或顯目建築物、地理風貌、文化產物或工藝品、儀式服裝或國服、國家傳奇人物、主要跨國品牌等非語言的傳播符號作為象徵，這些元素也可以作為國家品牌聯想特徵的元素。

2.利益（benefits）：所有商品必須提供消費者利益方能獲得青睞，利益來自三種形態──功能利益（functional benefits），因商品本身具備的功能而獲得滿足，如飲料之於解渴、汽車之於代步。其次，符號利益（symbolic benefits），滿足來自因使用商品而獲致的符號滿足，而非商品本身，如口渴，喝水是功能滿足，喝可樂是消費美國文化的符號滿足，喝低酒精進口飲料是享受菁英消費的符號滿足。第三，經驗利益（experiential benefits），因愉悅使用經驗而獲致的滿足。

3.態度：態度是消費者對品牌的整體性評估，消費者常依上述的特徵或利益而形成態度，對特徵或利益的認知有來自親身的使用經驗，但大部分來自媒介的影響（新聞報導或廣告），以之形成肯定、正向態度，或批評、負向的態度。

(二)品牌聯想強度

品牌聯想強度來自使用經驗的頻率，以及所暴露的傳播工具的量與質。每次使用經驗以及暴露的傳播媒介，均會形成一次品牌節點（brand node），越多的節點，形成的品牌聯想強度越強。品牌聯想強度主要來自廣告量與廣告媒體選擇與排期等媒體策略因素，和廣告訊息關聯較少。

(三)品牌聯想偏好

品牌聯想偏好（favorability）係指消費者經評估過，所產生的品牌偏好。通常消費者會以商品是否滿足需求作為主要的評估依據，此外廣告所傳播的資訊是否滿足需求，或傳播是否持續以累積一致性的品牌印象，也會影響消費者的品牌聯想偏好。

(四)品牌聯想獨特性

品牌聯想獨特性（uniqueness）係建立有別於競爭品牌的獨特認知，這也是Asker（1992）所謂的品牌個性（brand personality）——在眾多品牌的聯想中突顯該品牌的獨特點。品牌個性必須長期經營，而且經由廣告集中訴求，方能形成「個性」，強化品牌個性的廣告訴求可以透過代言人、使用者形象、廣告訊息元素〔如音樂、色彩、布局（layout）、影片、節奏等〕、商品來源地、贊助藝文體育活動等次級聯想（secondary association）來呈現，但最重要的是廣告個性必須長期維持一致性，長期累積品牌個性方能形成品牌資產（equity）。

品牌聯想獨特性同時也強調了Reeves（1963）的「獨特性銷售主張」說（Unique Selling Proposition, USP）與Ries and Trout（1979）的定位說（positioning）。

Rosser Reeves的「獨特銷售主張」認為進行USP可以透過有形的利益，也就是商品所具備的突顯特點（feature，如台灣啤酒的「青」）或透過無形資產的利益，也就是經由廣告賦予的特徵（attribute，如廣告所賦予司迪麥的風格）來形成。而建構USP必須有三個要件，首先，必須強調特定的商品利益，其次，廣告所主張的特色必須是競爭者無法模仿的，最後，訊息必須明確，可以在廣告中「講清楚說明白」清晰呈現。

　　「定位」也是用於突顯品牌聯想獨特性的方法，定位的目的在於建構消費者腦海中可以呈現出有別於競爭者的清晰品牌印象，因此Aaker等人（1992）才說「定位不是針對商品，而是對消費者心靈的作為」。

　　因此定位的重點在於消費者作密集而一致的訊息傳播，定位方法可以有如下的思考（參考自Ries & Trout, 1979）：

1.第一定位：世界第一高峰是喜馬拉雅山，台灣第一高峰是玉山，第一位飛越大西洋的駕駛是林白，可樂第一品牌是可口可樂，「第一」的印象深植於消費者的腦海，我國政府以往國際廣告也常用腳踏車、網球拍、晶圓的產量來強調「第一」。

2.對比定位：將自我品牌與競爭品牌比較，經由對比以突顯自我。如早期有飲料強調是「非可樂」、租車公司Avis的「老二」定位，都是與競爭者對抗所形成的對比定位，台灣早期對美文宣，強調自由中國的「自由、民主」與紅色中國的「奴役、共產」，也是對比定位呈現。

3.特色定位：可以透過商品利益、使用方法、使用時機、價格、使用者、甚或文化符號（如Marlboro香菸的牛仔）來呈現品牌的獨特定位。我國政府曾以蝴蝶（1993）、雲門舞集（1992）、朱銘雕刻（1992）、綠色矽島（2000）作為廣告主題等都屬特色定位。

三、「台灣」品牌知識評估

　　從上述的品牌理論討論，可以發現除了「品牌聯想強度」係以廣告量或媒體策略作為評估基準外，其餘均可發展為對訊息的評估

▼表1-2　「台灣」品牌知識建構基礎與訊息評估指標

品牌知識建構基礎		傳播訊息評估指標
品牌知覺		1.是否告知台灣基本資訊，傳達對台灣基本認知？
品牌印象	品牌聯想（一）特徵	2.是否以特殊象徵物（symbol）做為台灣特徵？ 3.是否與「中國」明確區隔？
	品牌聯想（二）利益	4.是否強調台灣對國際貢獻？
	品牌聯想（三）態度	5.是否有塑造對台灣國際處境的同情，甚或贏得尊敬？
	品牌聯想偏好	6.傳播訊息是否長期維持一致性？
	品牌聯想獨特性	7.是否建構對台灣獨特的認知？

準則，以檢驗我國國際政治廣告是否能達到建構「台灣」品牌知識的目的，所謂「台灣」品牌知識指的是外國人士對台灣的認知與印象（見**表1-2**）。

1.是否告知台灣基本資訊，傳達對台灣基本認知？

此題係評估品牌知覺，亦即廣告中是否告知台灣基本資訊，如地理位置，人口，政治、社會及經貿狀況，以及台灣與其他國家就某些因素的類比，以建構廣告閱聽人對台灣的基本認知。

2.是否以特殊象徵物（symbol）作為台灣特徵？

此題係評估聯想類型（一）「特徵」，國家指涉範圍廣泛，必須透過某一象徵物作為台灣代表，而且此一象徵物必須是長期使用，方能印象深刻，成為台灣特徵。

3.是否與「中國」明確區隔？

台灣英文國名與中國極為相近，外國人極易混淆，因此必須在廣告中與中國形成明確區隔。

4.是否強調台灣對國際的貢獻？

此題係評估品牌聯想類型（二）之「利益」。廣告必須讓關聯人覺得獲得利益與報償（reward），方能打動閱聽人。國際政治廣告亦是，必須讓廣告閱聽人覺得台灣的作為與其有所連結外，還必須讓其覺得獲得利益，因此應強調台灣對國際的貢獻，如台灣在世界經貿體系中的角色，或台灣在國際災變中的捐輸等，以塑造對閱聽人的「利益」。

5.是否建立對台灣國際處境的同情，甚或贏得尊敬？

此題亦用予評估品牌聯想類型（三）之「態度」，一國人民對外國之態度常以「友善」與否作為指標，但台灣的國際宣傳除了訴求友善外，更應該告知國際友人，台灣長期面對中國欺壓與武力威脅，並被摒除國際網絡之外，但仍然維持民主制度與經濟發展，以爭取同情。

6.傳播訊息是否長期維持一致性？

此題係評估品牌聯想偏好，品牌聯想偏好除了商品本身是否滿足需求、訊息內容是否恰當外，訊息維持長期一致的印象也極為重要。

7.是否有建構對台灣獨特的認知？

此題係評估品牌聯想的獨特性，台灣國際宣傳必須塑造國際友人對台灣印象鮮明或獨特的認知，這種認知可以是台灣的USP，也可以是台灣所欲塑造的國際定位。

第四節　台灣「國家形象廣告」訴求的回顧

台灣自一九四九年國民政府播遷來台後，政治、經濟、社會、對外關係均產生極大變化，不同領導人由於施政方式不同、對美宣

傳策略也有所不同，對外也展現不同的國家形象。

一、五○至六○年代：「維護聯合國席次」與「反共」形象

1945 － 終戰。

1947 － 二二八事件。

1949 － 國府遷台。

1950 － 1.韓戰爆發；

2.美國協防台灣。

1951 － 對日合約於美國舊金山簽訂，日本放棄台灣主權。

1953 － 韓戰簽定停戰協定。

1954 － 1.台美共同防禦條約簽訂；

2.蔣介石連任總統；

3.吳國楨案。

1955 － 孫立人案。

1958 － 金門八二三砲戰。

1959 － 八七水災。

1960 － 1.蔣介石第三次就任總統；

2.美國總統艾森豪訪台；

3.《自由中國》事件，雷震被捕。

1963 － 東京奧運，日本奧會不用「中華民國」名稱，學生發起反日運動。

1964 － 1.湖口裝甲兵兵變；

2.法國承認中國，台法斷交；

3.彭明敏案。

1965 － 1.美援終止；

　　　　2.美國投入越戰。

1966 － 1.蔣介石第四次就任總統；

　　　　2.中國「文化大革命」。

1967 － 台北市改制院轄市。

1968 － 施行九年國教。

1969 － 尼克森就任美國總統。

　　五〇年代台灣風雨飄搖，幸而美國介入協防，國民黨政府方能穩定局勢，在五〇及六〇年代冷戰時期，我國政府對外宣傳的策略是強調台灣戰略地位的重要性。一九五〇年，韓戰爆發，美國由原先對台灣棄守轉爲積極保護，並將台灣納入圍堵共產勢力之據點，是美國圍堵對抗蘇聯共產主義擴張的重要資產，台灣成爲美國在西太平洋防線上的重要軍事基地；根據台美雙方簽訂的共同防禦條約，美國第七艦隊巡弋台海協防保衛，航空隊、軍事顧問團等也進駐台灣，而美國大量的軍經援助，更是奠定了日後台灣經濟發展的基礎。

　　因此在此一時期的宣傳策略有二，一是以「反共抗俄」作爲宣傳主軸，二是力保聯合國席位。「反共抗俄」策略乃是配合美國的全球戰略，強調我國重要之戰略地位、反對共產勢力以及擁護美國的立場，希望藉此淡化蔣介石威權的印象。蔣介石對於對美宣傳曾提出他的看法，他認爲以後宣傳工作目標在「如何爭取中立或反對我國之人士，改變其對我國印象，許多美國中立或左傾人士認爲我國政府不夠開明，即使在國會中，共和、民主兩黨均有反對我國之人士存在，宣傳工作之有無成就，在視能否拉攏這批中立或左派人士」❸。

　　在力保聯合國席位方面，自中華人民共和國成立，國民黨政府在聯合國的中國代表權屢遭受嚴重挑戰。爲確保席位，政府投入大

量資源並尋求美國的支持，運用宣傳、輿論強調中華民國才是代表中國的唯一合法政府，阻擋中國進入聯合國達二十年之久，但最終仍不敵國際現實而於一九七一年被逐出聯合國。

二、七〇至八〇年代：
由政治議題轉向「經濟進步」形象

1971 — 1.保釣運動；

2.台灣退出聯合國。

1972 — 1.蔣介石第五次就任總統；

2.台日斷交；

3.美國總統尼克森訪中，並簽署聯合公報。

1973 — 1.蔣經國準備接班，啓動十大建設；

2.第一次石油危機（1973-1975）。

1975 — 1.蔣介石去世；

2.越戰結束。

1976 — 1. 中國毛澤東去世，結束十年文革；

2. 卡特當選美國總統。

1977 — 中壢事件。

1978 — 1.蔣經國就任總統；

2.十大建設陸續完工。

1979 — 1.台美斷交；

2.美麗島事件。

1984 — 蔣經國連任總統，李登輝就任副總統。

1985 — 十信事件。

1986 — 民進黨創立。

1987 — 解嚴、開放至中國探親。

1988 － 1.開放黨禁、報禁；

2.蔣經國去世，李登輝繼任總統；

3.五二〇農民運動；

4.社會抗議事件，一年高達1,172件❹。

1989 － 1.股市突破萬點；

2.中國軍方武力鎮壓天安門事件；

3.解嚴後第一次大規模選舉（立委、縣市首長、省市議員）；

4.首次開放報紙競選廣告。

在七〇年代，美國的外交政策有了最劇烈的轉變，關鍵的人物即是尼克森。尼克森在一九六八年十一月當選美國總統後，在隔年就職演說中提到：「經過一個對抗的時期，我們正進入一個『談判的時代』（an era of negotiation）」，而這個「以談判代替對抗」的口號，便是美國外交政策轉變的基礎，在中國政策上，積極推展根據現實主義的「一中一台」（one China, one Taiwan）政策，逐漸向中國傾斜，尋求與中國「關係正常化」。

此外，維持聯合國席次成了外交部門每年的大戲碼，就在一九七一年我國能否再度確保聯合國席位之際，新聞局以慶祝中華民國開國六十週年紀念為題，在《時代週刊》（*TIME*）刊出十二頁特刊，藉此增進美國人士對我之認識。其內容為以下六個主題：(1)中華民國的故事；(2)福爾摩沙——美麗之島；(3)獻給每個人——投資；(4)投資與機會；(5)美國輸出入銀行視自由中國為夥伴；(6)慶祝中華民國建國六十年。這六個主題主要是向美國民眾對中華民國作初步的認識與介紹，使原本不認識我們的美國人有了基本的認知，並以美國友好的貿易夥伴為訴求鼓勵美國商人來台投資，最後以中華民國建國六十年為題，希望美國能繼續支持「自由中國」。

一九七一年十月二十五日，聯合國大會表決阿爾巴尼亞所提的二七五八號決議案，以七十六票贊成、三十五票反對、十七票棄權，通過驅逐竊占中國席次的蔣介石代表，將中國駐聯合國的席次交還給中華人民共和國，同時將蔣介石代表自聯合國專門機構中一併驅逐；當時我國外交部長周書楷在提案尚未付諸表決前即發表聲明，宣布中華民國自行退出聯合國。蔣介石昧於國際現實的「漢賊不兩立」政策，導致中華人民共和國成功繼承了中華民國的國際人格。

政府宣布退出聯合國，這是外交史上的一大打擊。之後，政府擔心台美關係亦將不保，為爭取美國輿論持續注意台灣問題，維繫台美外交關係，一九七三年紐約中國新聞處於《紐約時報》刊登一系列政治廣告 "The Case of Free China"，以十二項主題，從多種角度（工商業、農業、教育、大眾傳播、政治、文化……等）對美國民眾塑造中華民國的形象。

雖然政府力圖維繫台美外交關係，然終不敵國際現實，一九七八年十二月十五日卡特政府宣布美國將於一九七九年一月一日與中國建交、與台灣斷交。

一九七九年一月一日台美斷交，一月二十二日起新聞局於《華盛頓郵報》刊出一連十天的議題廣告，總標題是 "America, Free China- We Have A Lot In Common"（美國和自由中國──我們擁有許多共同之處）。

這十篇的議題廣告延續 "The Case of Free China" 的宣傳方式，採取塑造形象的手法，再也不用「反共」訴求，第一天的廣告標題是「台灣象徵了自由企業──保持你貿易夥伴的生意就有好生意」，第二至第五天都使用相同的標題 "Taiwan Means Free Enterprise"（台灣象徵了自由企業），第六天主題為 "Taiwan Means Freedom"（台灣象徵了自由），第七天是農曆新年，廣告標題改為

"Freedom is the main business of the free world- KEEP FREE CHINA FREE"（自由是自由世界的主要價值——請讓自由中國永遠自由）至第十天。此一系列廣告，從文化生活面極力塑造台美兩國的相近性，例如：強調「生活方式」、「工作方式」、「做事方式」之相似，並從「你的那架電視機」、「你晚飯的罐頭蘑菇」、「你的襯衫」……等為台灣製造，說明台灣享有和美國一樣的成功的自由企業，以台美人民同樣說「自由的語言」、享有「人權」、「生命、自由、與追求幸福」，呼籲「請讓自由中國永遠自由」（Keep Free China Free）（參考自蔣安國，1993）。

這些議題廣告的刊登使美國朝野各界得以認識到台灣進步的一面，對於爭取美國人士對我國的支持有很大的幫助。四月九日美國參眾兩院以懸殊比例通過「台灣關係法」，提供另一形式對台灣安全的保障。

七○年代中國政策的大逆轉，主要是美國「聯共抗俄」的新政策，台灣的戰略地位因而被嚴重削弱。這個階段的外交努力除保有聯合國席位外，國際宣傳主要在於設法讓美國分辨「敵友」，陳述中國共產思想的本質與美國的差異，希望美國能支持「自由中國」而非「紅色中國」，以維繫台美關係。

七○年代外交的重挫，導致國民黨威權逐漸瓦解，帶來八○年代蔣經國時代緩慢的政治改革，對美的國際宣傳也逐漸轉向經貿訴求。

八○年代台灣出口轉熱，對美形成巨大貿易逆差，美國逐漸不耐，成了台美關係的障礙，因此新聞局於一九八七年六月至十一月分次在美國《時代週刊》刊登六幅系列性廣告 "We Buy American"（買美國貨），以宣示平衡台美貿易逆差的誠意與努力。

這六幅廣告為全頁彩色，標題分別為 We Buy American（四月二十七日）、Balance（五月十一日）、Welcome（五月二十五日）、Money Grows（六月八日）、A Small Wonder（六月二十二日）、

29

Ballooning Sales（七月六日），其目的在訴求「重視平衡對美貿易」
與「歡迎美國進口與投資」兩項主題。

三、九〇年代：「政治改革」形象

1990 － 1.國民黨「主流」「非主流」政爭；

　　　　2.中正紀念堂「野百合」學生運動；

　　　　3.李登輝當選總統。

1991 － 1.終止動員戡亂時期；

　　　　2.資深中央民代退職；

　　　　3.國代選舉，首次啓用政黨電視競選宣傳。

1993 － 1.開放廣播電台申請；

　　　　2.中國劫機來台事件，一年十起。

1994 － 1.台灣省長第一次也是最後一次選舉；

　　　　2.北高二市改制直轄市後第一次民選市長，陳水扁當選台北
　　　　　市長；

　　　　3.取締地下電台、Call-in 流行。

1995 － 1.實施全民健保；

　　　　2.《一九九五閏八月》一書引起恐共慌；

　　　　3.李登輝總統訪美；

　　　　4.中國軍事演習，以試射飛彈威脅台灣，股匯市大跌。

1995 － 1.台灣第一次民選總統，李登輝、連戰當選正副總統；

　　　　2.總統選舉期間，中國發射飛彈試圖影響選舉。

1996 － 縣市長選舉，國民黨首次在席次與得票率敗給民進黨。

1998 － 廢省。

1999 － 1.廢國大；

　　　　2.李登輝總統「兩國論」；

　　3.九二一地震；

　　4.宋楚瑜「興票案」。

　　一九八八年蔣經國去世，結束近半世紀的兩蔣威權統治，進入了由威權獨裁轉向眞正民主自由的過度期——李登輝時代。

　　李登輝時代在政治上，促成由上而下的全面選舉，開放省市首長與總統直選，自己並投入一九九六年大選，經由人民選票當選總統，帶領國民黨脫離「外來政權」污名，容許多元聲音，開闊了台灣言論自由空間。此外，建構台灣主體意識，確立台灣主權地位，發表「兩國論」試圖與中國區隔，爭取國際重新確認「一中一台」的事實（鄭自隆，2004）。

　　爲了讓國際社會瞭解台灣在民主改革上的成果，於是在一九九六年第一次公民直選總統時推出「跳高篇」廣告，告訴世人台灣已順利完成艱難的民主改革過程。而在一九九八年所推出 "A Vote for The Future" 系列形象廣告，更是積極地呼籲國際社會應該重視台灣在政治、經濟等各方面的努力，並強調對世界之貢獻。

　　在經濟上，由於累積四十餘年來的進步發展，使台灣躍升爲「亞洲四小龍」之一。除經濟成果外，台灣在九○年代也進行多方面的改革，除上述民主政治的實踐外，尚有產業升級的努力、環境保護的推動、務實外交的推動，以及成立陸委會、海基會與中國作事務性接觸等。這些改革工程可以說是沒有經過流血暴力平順度過的「寧靜革命」，是台灣「經濟奇蹟」後另一項傲人的成就。因此行政院新聞局遂以此「寧靜革命」爲宣傳訴求，在一九九三年推出「蝴蝶的蛻變」篇國家形象廣告。

　　總結九○年代的國家形象廣告，係以「政治改革」爲主軸，除以政治或是經濟成就作爲訴求重點外，尚以「文化」訴求以加強國際對台灣的瞭解，如一九九一年推出「五千加八十篇」形象廣告強

調慶祝中華民國八十歲生日及台灣保存中華五千年悠久文化；一九九二年推出「台灣的生命力」系列形象廣告，突顯台灣豐富的文化內涵。除此之外，也積極表現出參與國際社會的意願，從一九九三開始便推出「協力車篇」、「號誌燈篇」、「拼圖篇」、「芭蕾舞鞋篇」等參與聯合國廣告。

四、政黨輪替後的國家形象

2000 － 1.總統大選，政黨輪替，民進黨陳水扁、呂秀蓮當選正副總統；

2.為大選失敗負責，李登輝辭國民黨主席；

3.唐飛五月組閣，十月辭職；

4.八掌溪事件，重挫新政府形象。

2001 － 1.國民黨撤銷李登輝黨籍；

2.經濟成長負成長；

3.美國九一一事件，全球陷入恐怖攻擊陰影。

2002 － 台灣加入世界貿易組織WTO。

2003 － SARS流行。

2004 － 1.總統大選，民進黨陳水扁、呂秀蓮當選正副總統；

2.大選前夕發生槍擊案，民進黨候選人陳水扁、呂秀蓮遇刺受傷；

3.連戰、宋楚瑜支持群眾群聚凱達格蘭大道抗議。

2005 － 1.黨政軍退出媒體，二○○三年的修法規定黨政軍退出媒體，至二○○五年十二月二十六日，二年期的落日條款到期；

2.縣市長選舉，民進黨敗選。

2006 － 1.國家通訊傳播委員會（NCC）成立，根據「通訊傳播基本

法」之權責劃分，NCC負責媒體監理，但「國家通訊傳播
整體資源之規劃及產業之輔導、獎勵」仍屬行政院新聞局
職掌；

2. 政治人物涉案，總統陳水扁涉及國務機要費案，台北市長
馬英九涉及特支費案；

3. 媒體與政治人物熱衷爆料，政治紛擾。

　　政黨輪替民進黨執政後，國際宣傳仍持續進行，二○○一年新
聞局以政治、經濟、兩岸關係與主權國家等四大主題作為國際文宣
基調，包括台灣是「民主之島」，民主體制日益成熟，將持續追求自
由、民主與人權；台灣是「綠色矽島」，經濟體質健全，將推動知識
經濟，兼顧環境生態保育，以求永續發展；兩岸關係應秉持民主對
等原則，擱置爭議，推動對話及交流，以追求雙贏；我國為主權國
家，將續拓展與各國關係，參與國際社會，並落實世界人權宣言與
行動綱領❺。

　　宣傳的方式也有所創新，轉以「科技」作為訴求的重點，二○
○○年推出的「綠色矽島篇」形象廣告即在宣示台灣將致力成為注
重環保與科技的國家，二○○一年的「科技與文化系列──關公
篇」、「科技與文化系列──悟空篇」以及電視形象廣告（訴求波灣
戰爭期間國際媒體使用的衛星通訊傘是台灣製造的），則是將「科
技」與「文化」作結合塑造台灣全新之國家形象，二○○三年推出
「Miss Taiwan篇」（台灣小姐篇）、二○○四年訴求建築工藝的「台
北101」（Taiwan Stands Tall）等，都是以台灣在科技產業的領先進
步對於世界的卓越貢獻作為訴求。

　　國際宣傳的訴求不應該來自主事者或政府領導人的好惡，而是應
該盱衡國際情勢與國內政經條件而製訂。從上述的台灣國家形象廣
告訴求的回顧，的確可以看到當時國際情境與國內政經發展的軌跡。

註釋

❶宣傳常透過藝術來進行，上例引自Toby Clark的 *"Art and Propaganda"* 一書，該書列舉與宣傳有關的藝術作品，除宣揚革命、法西斯、共產主義等政治宣傳外，女性主義、社會主義也會使用藝術作品（如達達）來進行宣傳。見吳霈恩譯（2003）《藝術與宣傳》。台北：遠流。

❷行政院新聞局出版刊物資料摘自行政院新聞局（1998）《行政院新聞局與您》，頁13-14。

❸資料來源：新聞局北美檔（1955），《44年對美宣傳計畫案》。引自蔣安國（1993），頁57。

❹吳介民的統計，見吳介民（1990）《政體轉型期的社會抗議──台灣一九八〇年代》，台北：國立台灣大學政治所碩士論文。

❺資料來源：行政院新聞局（2001）《九十年國慶專案工作績效報告》。

第二章

The Case of Free China
形象廣告分析

一九七三年刊登於《紐約時報》的"The Case of Free China"系列廣告，係我國退出聯合國後，對美較具規模的文宣，其目的是向美國民眾介紹中華民國近年來進步的情況，經由廣告塑造中華民國進步、繁榮、民主、自由的形象。

廣告以文字形式呈現，使用了說明事實、對比、兩面說服、強調傳播對象的利益、時宜性、接近性等傳播技巧，可惜過於強調政府功能，讀起來就像政府的宣傳品。

第一節　廣告內容

一九七一年十月台灣退出聯合國，為爭取美國支持並維繫台美外交關係，台灣外交與國際文宣單位作了許多努力，其中紐約的中國新聞處於一九七三年在《紐約時報》連續刊登了十二幅廣告，向外國人介紹中華民國。第一幅廣告刊登於六月十一日，以後每隔兩週刊登一次，至十一月十九日止，共計十二幅。這些廣告的合訂本取名為The Case of Free China。

The Case of Free China以淺顯的英文寫出，其目的是向美國人民介紹中華民國近年來進步的情況。換句話說，也就是向美國人民塑造一個中華民國進步、繁榮、民主、自由的形象。

本章使用內容分析法，除對The Case of Free China作概括性介紹外，並探討其傳播對象，分析其塑造形象的範圍與說服技巧，此外，並以傳萊區（Rudolf Flesch）的公式（Flesch, 1951），分別測出每篇廣告的可讀性分數。

The Case of Free China的每幅廣告約有六百字，分為六段至十

一段，其刊登日期、標題、內容請參見**表2-1**。

▼表2-1　The Case of Free China廣告內容

刊登日期	標題	大意
六月十一日	You may love every single thing you see in the Republic of China, But you can be sure you've seen it all.	或許你不喜歡中華民國的某些現象，但是你可以確定你已經看到了中華民國的真相。其內容是對台灣作一般性的介紹，鼓勵美國人來台灣旅行。
六月二十五日	Your television set can tell you a lot about Republic of China.	你的電視機可以告訴你許多關於中華民國的情形。其內容是強調台灣工業發達以及經濟繁榮。
七月九日	America's twelfth largest trading partner is shooting for seventh with a new policy: "Buy American."	中華民國是美國第十二位貿易夥伴，由於她的「買美國貨政策」，可望在短時間之內升為第七位。其內容也是強調台灣經濟的繁榮。
七月二十三日	Free enterprise and the individual versus the "Experimental" Society.	自由貿易與重視人權是共黨「實驗社會」的對比。其內容是說台灣實施自由貿易與經濟政策，政府重視人民自由與尊嚴。
八月六日	The world's most effective land reform laid the basis for the "Miracle" on Taiwan.	世界上最有效的土地改革導致了今日中華民國奇蹟式的進步。其內容是介紹台灣土地改革以及農業進步的情形。
八月二十日	The Republic of China may not be Confucius' ideal society. But we're working on it.	或許中華民國並不是孔子的理想社會，但我們正努力朝此目標邁進。其內容是介紹台灣的社會福利制度與公教勞工保險制度。
九月三日	Possibly the best gauge of a free society is the morning newspaper.	你可以從台灣的報紙知道中華民國是一個自由的社會。其內容是介紹台灣的大眾傳播事業。
九月十七日	Every fourth citizen in the Republic of China is in school this morning.	每天有四分之一的中華民國公民都上學去。其內容是介紹台灣的教育概況。

▼（續）表2-1　The Case of Free China廣告內容

刊登日期	標題	大意
十月一日	Free Chinese All Over The World Celebrate Today: The Double Tenth.	全世界自由的中國人都慶祝雙十節。內容強調中華民國是華僑心目中的祖國。
十月十五日	Freedom of religion is not a catchphrase in the Republic of China. It's a constitutional guarantee.	中華民國憲法保障宗教自由。內容強調台灣的宗教平等以及宗教自由，並進而暗示中華民國是一個自由平等的國家。
十月二十九日	The free elections in the Republic of China are even free to the candidates.	中華民國的選舉是自由的，甚至競選也不用花錢。其內容是強調選舉公平，中華民國是一個民主的國家。
十一月十二日	Chinese Opera Is Part of the Cultural Heritage. That Is Being Preserved in the Republic of China	中華民國保存平劇，它是中華文化的一部分。其內容是強調中華民國是中國傳統文化的保護者以及歷史的繼承者。

第二節　廣告分析

一、傳播對象分析

　　從以上的內容簡介，以及其所選用的傳播通道——《紐約時報》，可以瞭解The Case of Free China係以菁英分子為傳播對象。

　　由於The Case of Free China偏重於一般性的介紹，從很多角度（工商業、農業、教育、大眾傳播、政治、文化）來對美國人塑造中華民國的形象。而《紐約時報》是一份高水準的報紙，其讀者知識

程度、政治參與、所得也較高。所以可瞭解The Case of Free China所欲傳播的對象是當時對台灣陌生的中上階層美國人士。

除了對這些傳播對象塑造中華民國進步、繁榮、自由、民主的形象外，他們對台灣可能有兩點直接的影響：

1. 與台灣貿易或來台灣投資：The Case of Free China一再強調政治安定、經濟繁榮（第四幅廣告），對美貿易激增（第三幅廣告），工業進步（第二幅廣告）。這可能產生部分美國商人與台灣貿易或來台灣投資設廠的興趣。
2. 來台灣觀光：人民好客、氣候宜人（第一幅廣告），保存中國傳統文化（第十二幅廣告），交通方便（第一幅廣告），均是鼓勵美國人民來台灣觀光。

此外這些菁英分子由於政治參與度高，或屬意見領袖，對美國外交政策與民意氣候也有一定程度的影響。

二、塑造形象的範圍與內容

形象是由認知特性（cognitive attribute）交織而成的，The Case of Free China所要塑造的中華民國形象是——

1. 自由國家。
2. 民主國家。
3. 進步繁榮的社會。
4. 維護傳統文化。

而構成形象的特性，在內容分析法上稱為類目（categories）。本章以「段」作為計算類目的單元（unit）。經分析結果發現：

▼表2-2 「中華民國是自由國家」形象構成

形象	特性（類目）	單位（段）	分配篇數	百分比
自由國家	自由經濟政策	1	1	6.25
	重視人民尊嚴與權力	2	1	12.50
	新聞自由	8	1	50.00
	行動自由	2	1	12.50
	宗教自由	3	1	18.75

1. 形象一：中華民國是自由國家，此形象是由五個特性所塑造而成的——

   (1)自由經濟政策。

   (2)重視人民尊嚴與權力。

   (3)新聞自由。

   (4)行動自由。

   (5)宗教自由。

   構成此形象共有十六段，占全部段數（八十五段）的18.8%。

2. 形象二：中華民國是民主國家，此形象是由六個特性所塑造而成的——

▼表2-3 「中華民國是民主國家」形象構成

形象	特性（類目）	單位（段）	分布篇數	百分比
民主國家	民選政府	3	1	13.07
	以人民利益為前提	2	1	8.69
	宗教平等	2	1	8.69
	平等的競選機會	4	1	17.38
	華僑心目中的祖國	9	1	39.21
	憲法所產生的國家	3	2	13.07

(1)民選政府

(2)以人民利益為前提

(3)宗教平等

(4)平等的競選機會

(5)華僑心目中的祖國

(6)憲法所產生的國家

構成此形象共有二十三段，占全部段數的27.1%。

3.形象三：中華民國是進步繁榮的社會，此形象是由七個特性
　所塑造而成的──

(1)交通進步。

(2)工商進步，經濟繁榮。

(3)教育進步。

(4)土地改革與農業進步。

(5)人民好客。

(6)完善的社會福利制度。

(7)東南亞最健康的國家。

構成此形象共有三十六段，占全部段數的42.4%。可見The
Case of Free China著重於強調當時台灣社會進步、經濟繁榮

▼表2-4　「中華民國是進步繁榮的社會」形象構成

形象	特性（類目）	單位（段）	分布篇數	百分比
進步繁榮的社會	交通進步	2	1	5.55
	工商進步，經濟繁榮	11	4	30.53
	教育進步	6	2	16.65
	土地改革與農業進步	5	1	13.88
	人民好客	1	1	2.78
	完善的社會福利制度	10	1	27.83
	東南亞最健康的國家	1	1	2.78

▼表2-5 「維護中華文化」形象構成

形象	特性（類目）	單位（段）	分布篇數	百分比
維護中華文化	孔子理想的實踐	2	2	20.00
	繼承中國歷史	3	2	30.00
	保護傳統文化	5	1	50.00

的狀況。

4.形象四：維護中華文化，此形象是由三個特性所塑造而成的
——

(1)孔子理想的實踐。

(2)繼承中國歷史。

(3)保護傳統文化。

構成此形象共有十段，占全部段數的11.8％。

三、說服技巧之分析

形象的塑造是否成功，除了視其組成的特性適當與否外，說服技巧的運用也是很重要的，The Case of Free China的說服技巧具有如下之特色：

1.說明事實：最好的宣傳就是供給事實。The Case of Free China一再以具體的數字來說明事實。例如，一九七二年台灣輸出黑白電視機三百五十萬架，彩色電視機二十五萬架（第二幅廣告），一九六五年美援停止後，國民生產總額升為250％（第四幅廣告），三家電視台每週播映兩百小時（第七幅廣告），及學齡兒童就學率超過98％（第八幅廣告）。

2.利用對比：以各種成就與中國作對比。例如，國民所得是中

國的四倍（第四幅廣告），在台灣，外人可以自由和本地人晤談（第一幅廣告），在台灣，人民衣食富足，臉上不會有冷漠的表情（第二幅廣告）。

3.利用兩面說服（two-sided persuasion），除了讚揚台灣的優點外，也談到台灣的缺點。例如，讚揚台灣的富足和進步外，也談及空氣污染與交通問題（第一幅廣告）。

4.強調傳播對象的利益：人總是最關心自己，因此必須強調受播者的利益，他才會接受傳播者的觀點。例如，台灣外銷的黑白電視機70％賣給美國（第二幅廣告），台灣推行「買美國貨」的政策（第三幅廣告），美商對台灣的投資超過四億美元（第三幅廣告），台灣是自由國家主要的市場（第四幅廣告）。

5.利用時宜性（timeliness）：例如，雙十節談海外中國人對中華民國向心力（第九幅廣告），美國大選的兩週後，台北市也有選舉（第十一幅廣告）。

6.利用接近性（proximity）：這是新聞寫作的原則，使受播者產生心理上連接在一起的感覺。例如，台灣的面積僅比麻薩諸塞州與康乃狄克州大一些（第三幅廣告），孫中山先生是在檀香山長大和受教育的（第九幅廣告）。

7.訴諸情感：例如，中華民國是美國的傳統盟友（第三幅廣告），中華民國憲法對人民自由的保障，和美國憲法很相似（第十幅廣告），中華民國的選舉按時舉行，並受憲法保障，這點和美國很近似（第十一幅廣告）。

8.訴諸傳統：The Case of Free China試圖建立的形象之一是「中華民國維護中華文化」，因此，文中常利用訴諸傳統的方法，例如，十二幅廣告中，提到孔子大約有七處，也曾多處提到我國有五千年的歷史文化。

四、可讀性之分析

　　由於The Case of Free China是對台灣做概括性的介紹，且利用報紙作為傳播通道，所以作可讀性的分析是必要的。本文以傳萊區的公式作為分析的標尺，其公式為：R.E.＝206.835－0.846 wl－1.015 sl（R.E.為可讀性分數、206.835為常數、wl為每一百字之音節數、sl為每句之平均字數）（Klare, 1963）。

　　經抽樣計算每幅廣告的可讀性分數後，發現這十二幅廣告的可讀性分數分別是61.935、62.781、66.670、50.327、68.703、68.939、70.631、72.933、38.485、76.553、54.422、71.241，平均可讀性分數為63.635。

　　為了比較其可讀性高低，本章再抽樣選出一九七三年九月二份英文雜誌：《新聞週刊》（*Newsweek*），《亞洲雜誌》（*The Asia Magazine*）分別抽出一篇文章測量其可讀性分數，所得結果為：《新聞週刊》為32.851、《亞洲雜誌》分數為61.340。可見，The Case of Free China的可讀性頗高。

　　從以上研究發現，The Case of Free China試圖對美國人民塑造中華民國是自由、民主、進步、繁榮、保存傳統文化的形象。不過在形象塑造過程中有些地方是應予以注意或改善的：

1. 傳播來源缺乏被信賴度（credibility）：The Case of Free China是紐約中國新聞處的廣告，因此很容易被認為是政治宣傳，而對其內容產生懷疑。因此，似應由另一個角度著手，由美國人來說服美國人，例如以曾到台灣訪問的美國人，用他的立場與觀點來談台灣。這一方面可以增加傳播來源的被信賴度，另一方面亦使受播者對傳播者產生心理上的接近性。

2.數字應賦予生動的意義：The Case of Free China引用很多數字來說明台灣進步的事實，然而這些冰冷的數字或許沒辦法在受播者腦中留下清晰明確的印象。因此，與其說台灣每年輸出黑白電視三百五十萬架，不如說，台灣每年輸出的黑白電視機數目可以分配給三分之一的紐約市民，一人一架。

3.過於強調政府功能，使The Case of Free China讀起來更像政府的宣傳品，似乎應將近年來台灣各項進步的情形歸諸於台灣人民勤勞、節儉的民族性。

4.傳播通道應普及於一般地方性報紙。《紐約時報》並不是美國發行量最多的報紙，而且其讀者水準高，可能對中華民國或多或少有了形象，要修正其原有的形象而重新塑造新的形象，並不是僅藉十二份廣告所能辦到的，不如將這些廣告刊登在地方性報紙，將中華民國介紹給那些對她全然陌生的美國民眾。就傳播觀點而言，「創造」新的形象遠比「修正」舊的形象容易❶。

國際宣傳訊息受到國際情境與國內政經條件、意識形態的制約。The Case of Free China廣告發表於一九七三年，以目前的角度來審視二十餘年前的國際宣傳訊息，一方面肯定文宣負責單位的用心，另方面也對外交決策者昧於國際現實而深感遺憾。

一九七一年的聯合國二七五八號決議文，已經承認北京政府為中國唯一的合法政權，此時再訴求「中華民國最能維護中華傳統文化」已無任何意義，徒增國際形象混淆，並將台灣陷於中國附庸的困境而已。

從事國際宣傳，外交決策是戰略指導，國際文宣廣告只是戰術單元，當戰略指導失誤，任何戰術的努力只是徒勞。

註釋

❶本章曾發表於《報學》1974年第5卷第3期，頁70-73。篇名為「The Case of Free China──十二幅廣告之研究」。

Taiwan

第三章

年度形象廣告分析

　　九〇年代起行政院新聞局有系統地進行年度國家形象廣告，一九九一年的廣告仍訴求中華民族五千年文化，一九九二年改爲強調台灣價值的「台灣生命力」系列廣告，不過仍有濃厚的中華文化味道，一九九三年「蝴蝶的蛻變」完全以台灣爲主體，一九九八年"A Vote for the Future"，以及政黨輪替後之二〇〇〇年「綠色矽島」、二〇〇一年「關公」與「孫悟空」、二〇〇三年"Miss Taiwan"、二〇〇四年「台北101大樓」則強調台灣民主與科技，可見台灣對外國家形象廣告主軸的呈現與政權更迭無關，而是反應台灣主流價值觀與國際社會普遍認知。

第一節　政黨輪替前之年度國家形象廣告：一九九一至一九九八年

　　本研究蒐集之台灣國家形象廣告共有九個年度，分別是一九七三年"The Case of Free China"系列廣告、一九九一年「五千加八十篇」、一九九二年「台灣的生命力」系列廣告、一九九三年「蝴蝶的蛻變篇」、一九九八年"A Vote for the Future"系列廣告、二〇〇〇年「綠色矽島篇」、二〇〇一年「關公篇」與「孫悟空篇」、二〇〇三年「Miss Taiwan篇」以及二〇〇四年「台北101篇」。在上一章已對The Case of Free China作完整介紹，本章以二〇〇〇年爲區分分節討論政黨輪替前後之年度國家形象廣告。

一、一九九一年「五千加八十篇」形象廣告

　　為慶祝中華民國建國八十年，行政院新聞局於是推出「五千年加八十」國家形象廣告（**圖3-1**），於各國媒體上刊登，慶祝中華民國八十歲生日。該則廣告主要是以數字以及文字來表達中華民國的特色，廣告標題以阿拉伯數字「5000」代表中華民族五千年悠久的歷史，「80」則代表中華民國建國八十年。而代表五千數字後面的三個零，是以玉環、瓷盤以及銅幣組成，顯示我國具有豐富的文化素養與成就。以長串鞭炮圍成「八十」數字，意在慶賀中華民國建國八十年。由於設計簡單易懂，曾被「美國廣告評論」選為當年美國最佳平面廣告公共服務類（黃振家，1997）。

◀ 圖3-1　「5000+80」廣告（1991）

同年的專文廣告，則是以「加入關貿總協定」爲廣告訴求，在《紐約時報》社論版對頁刊出共十一篇的專文廣告，希望喚醒國際社會公平地對待我國應有的權益；「平衡貿易法案」主題廣告則是用以保證我國政府的國際誠信；「幸運的機會」說明六年國建大餅的吸引力；並向美國介紹東方相同政治理念的國家的民主進展，爭取支持，其他如「民主」、「全球投資者」、「磁石」、「務實」、「朝向統一」、「文化演進」、「孔子思想在台灣」、「中華文化中心開幕」等。從廣告的表現方式可以看出，此一時期仍是以正統中華文化的傳承者對外宣傳我國家形象。

二、一九九二年「台灣生命力」系列

一九九二年行政院新聞局推出「台灣的生命力」系列形象廣告，此系列廣告爲華威葛瑞廣告公司所製作，藉由一系列的廣告說明中華民國除了擁有全球貿易網和高所得之外，還有許多可觀之處，值得外國人士來欣賞瞭解。廣告一反過去強調我國經濟成就，改以「文化」爲訴求重點，這一系列廣告中包含了「雲門舞集」、「證嚴法師與慈濟功德會」、「朱銘雕刻」、「戲劇」、「台灣的經貿邁向世界舞台」、「以文化視野迎接二十一世紀——重視環保」以及「中國功夫」等七篇。「中國功夫」篇使用柯錫杰攝影作品，生命力躍然紙上，標題爲 "The Vitality of Taiwan: Giving New Meaning to Its Traditional Values"（活力台灣：傳統價值賦以新意義）。

在九〇年代初期，台灣的經濟成長力已不容小覷，外國人士甚至會以「財大氣粗」、「台灣錢淹腳目」等詞來形容台灣。「台灣的生命力」系列廣告目的就是希望扭轉外國人士對台灣「暴發戶」的印象，以享譽國際的雲門、朱銘、證嚴法師代表台灣，突顯台灣經濟成長外的文化素養。在美國廣告刊登於《時代週刊》、《新聞週

刊》、《美國新聞與世界報導》及《商業週刊》,在歐洲刊登於《時代週刊》歐洲版、德國《明鏡週刊》、英國《金融時報》、《經濟學人雜誌》等。

▲圖3-2 「中國功夫」廣告（1992）

◀ 圖3-3 「朱銘雕刻」廣告（1992）

三、一九九三年「蝴蝶的蛻變篇」

　　一九九三年國家形象廣告以「今日台灣——寧靜革命」爲訴求主題，藉蝴蝶的蛻變、破繭而出的過程隱喻中華民國四十餘年來的進步歷程。內容旨在告訴國際社會，台灣的「寧靜革命」過程當中沒有流血或暴力革命，就像蝴蝶破繭而出般的自然、順利，強調我國是在穩定中求進步，在進步中求安定。廣告訴求清晰，曾入圍《讀者文摘》年度廣告「飛馬獎」（**圖3-4**）。廣告由華威葛瑞公司製作。

　　廣告刊登時，曾有美國人士大爲「驚豔」，致函新聞局要求價購此照片之大幅海報圖，以布置辦公室，後新聞局協調華威葛瑞公司製作，免費贈送美國友人。

▲圖3-4　「蝴蝶的蛻變」廣告（1993）

▲圖3-5　「蝴蝶的蛻變」海報（1993）

▲圖3-6　「蝴蝶的蛻變」書籤（1993）

在《讀者文摘》刊登時，有內附「蝴蝶的蛻變」書籤（圖3-6），並以猜獎方式提供兩項獎品，大獎爲贈送含往返台灣機票及住宿五天旅遊假期，二獎爲贈送《讀者文摘》專書。

提出「寧靜革命」蝴蝶構想的是華威葛瑞公司，創意來源一方面來自當時新聞局長胡志強一九九二年一次在紐約的演講稿內容，在那次演講中，胡志強數次強調，台灣人民在過去四十年，曾經流過許多汗水與淚水，卻是幾乎未經流血而獲致今日的一切成就……❶。台灣這三、四十年的歷史，就像蝴蝶的蛻變一樣，在經濟上由貧困變爲富裕，由未開發中國家邁入已開發中國家；在政治上，由威權時代順利走向民主化；在國際地位上，由「受援國」擢升爲「援外國」；在文化上，從一元的文化到現在，發展及保護各族裔文化。這種種蛻變的過程漫長而痛苦，就像蝴蝶經蛹、幼蟲，羽化成蝶，由醜變成華麗的過程一樣，呼應台灣過去四十年的成長奮鬥。

華威葛瑞公司設計蝴蝶代表「今日台灣」時，曾遭到部分人士的強烈反對，認爲蝴蝶的「短暫生命」（半年左右）及給予人「輕浮招搖」（如「花蝴蝶」）的感覺。但該公司以「宇宙中的生命沒有長短之分」，況且蝴蝶生生不息，用蝴蝶強調他蛻變的過程，正是一種「寧靜的革命的表現」，說服了新聞局。

「蝴蝶」創意另方面也是華威葛瑞公司負責人郭承豐個人的喜好，在華威葛瑞公司的刊物《華威葛瑞行銷報導》（後改名《新觀念》雜誌），多年來鼓吹「蝴蝶」運動，呼籲國人應效法蝴蝶破繭而出、蛹化成蝶的精神；廣告以眞人拍攝，掌鏡的攝影家爲柯錫杰，模特兒爲柯錫杰夫人舞蹈家樊潔兮。

該幅廣告文案如下：

> 如同蝴蝶脫繭而出一般，中華民國台灣在全世界正以文明及富有活力的姿態出現。

眾人皆知我們是亞洲四小龍之一，也都對我們的經濟奇蹟耳熟能詳，在四十年間由窮鄉僻壤發展成貿易的動力。

但你也許不知道其他發生在此地的重要變化。由政治到文化，乃至環境的保護，我們寧靜的改革正改變著全台灣的面貌與內涵。

我們草根式的民主運動在一九九二年達於頂點，並且受到廣泛讚揚——立法院一次全面公正公開的選舉。同時由於新聞自由的快速成長，多元文化及蓬勃的公開辯論在中華民國此間即將成為傳統。

而莎翁的「馬克白」也以平劇形式出現。這齣在倫敦國家劇院上演的大型戲劇，已為文化交流立下了新的里程，博得東、西方觀眾一致的喝采，相當具有現代特色。

此外在環境保護方面，當然，在快速轉變的過程中，環保時常成為經濟發展的犧牲品，但這些將成為過去式，隨著六年國建計畫所投入的數十億美元經費，我們將致力於環境保護、污染防制以及普及大眾教育。

這些都是台灣寧靜的革命，沒有頭條的暴力新聞，沒有經濟災禍，只有我們的註冊商標：在穩定中求進步，在進步中求安定。

現在你該知道了。

除了「蝴蝶的蛻變篇」外，行政院新聞局還製作「六年國建與未來發展藍圖」、「科技提升與環保」、「民主均富愛好和平」、「現代新義與傳統文化」等四篇廣告。

▼表3-1　一九九三年形象廣告媒體計畫表

刊登國家	媒體名稱	刊登規格	刊登日期	刊次	廣告內容
加拿大	環球郵報	黑白全頁	4/22	1	六年國建與未來發展藍圖
美國	時代雜誌	彩色跨頁	5/10	1	科技提升與環保
美國	洛杉磯時報	黑白1/2頁	4/22	1	民主均富愛好和平
美國	洛杉磯時報	黑白全頁	6/15	1	Asia Pacific Rim World Report
美國	紐約時報	黑白2/3頁	4/20	2	現代新義與傳統文化
美國	華府郵報	黑白2/3頁	4/20	1	友善的微笑、傲人的成就——中華民國的「寧靜革命」
美國	新聞週刊	彩色跨頁	5/10	1	六年國建與未來發展藍圖
匈牙利	讀者文摘	彩全一頁	6/1	6	現代新義與傳統文化、六年國建與未來發展藍圖
俄羅斯	讀者文摘	彩全一頁	6/1	6	民主均富愛好和平、現代新義與傳統文化
英國	歐洲人報	黑白全頁	5/1	1	科技提升與環保

資料來源：行政院新聞局（1993）《行政院新聞局八十二年度「國家形象廣告案」媒體計畫表》。

四、一九九八年 "A Vote for the Future" 系列廣告

　　一九九四年開始，新聞局的宣傳重點便轉向「參與聯合國」計畫，宣傳的工作也以呼籲國際讓台灣加入聯合國為主，推出「協力車篇」、「號誌燈篇」、「拼圖篇」等參與聯合國廣告。在一九九六年，我國第一次公民直選總統、副總統，因此便以此議題製作宣傳文宣，推出「跳高篇」議題廣告，直到一九九八年才又以台灣的政

治、經濟以及科技等進步作爲訴求重點推出形象廣告。

"A Vote for the Future" 系列形象廣告爲華威葛瑞廣告公司所製作，一共有三篇。第一篇 "A Vote for the Future"（以投票選擇未來），廣告以一群生長在台灣的小孩舉手投票爲主體，表示台灣的小孩從小就以投票的方式表達選擇的權利。內容是指在台灣，自由（freedom）所代表的就是人民有選擇的權力，從地方的首長到國家的領導人，透過直接的公民選舉，表達人民的意見。而台灣經濟成長與民主轉型的國家發展模式將成爲亞太地區其他國家學習的榜樣（圖3-7）。

▲圖3-7 「以投票選擇未來」廣告（1998）

第二篇 "Connected to the 21st Century"（連結二十一世紀），附標題寫到今日的台灣將使明日的亞洲完全改觀，廣告是以一個手握滑鼠的手（代表台灣）悠游於電腦網路世界，內容是說明在亞洲面臨金融風暴危機之際，台灣迅速的經濟恢復力以及高科技產業將刺激亞太區域恢復成長與繁榮的經濟景象。而在短短幾年內，中華民國已成為晶圓科技產品全球市場上的主要角色，這一篇是強調台灣的經濟實力與高科技將帶領亞洲繼續成長（圖3-8）。

第三篇 "Taiwan's Democracy Gets Its Wings"（台灣民主已獲成果），附標題提到中華民國能受到國際矚目是自然而然的事，廣告以蝴蝶代表台灣，蝴蝶所停駐的手代表著是注視著台灣的國際社會，台灣能夠從一個資源貧乏、落後的社會一躍而成為具有活力的全球性經濟體，並且能夠從威權體制轉化到現今的民主社會，台灣的成就是有目共睹的。而中華民國也致力於世界的和平與美好，為了讓世界更美好，應該 "naturally"（自然而然）的讓他們加入WTO、UN以及WHO。這篇廣告目的是呼籲國際社會重視中華民國的努力，接納中華民國進入國際社會的體制（圖3-9）。

從這一系列廣告可以很清楚看出李登輝時期國家形象廣告的訴求，強調台灣民主發展的成功模式、台灣的經濟成就、台灣對於亞太地區安定的貢獻，以及呼籲讓台灣加入國際組織。

第二節　政黨輪替後之年度國家形象廣告：二○○○至二○○四年

一、二○○○年「綠色矽島」廣告

陳水扁在第十屆總統競選期間提出「綠色矽島」的概念，並在

《台灣之子》一書中闡明「綠色矽島」的終極目標：「同時享受美麗的自然生態與便利的高科技」，勾勒出二十一世紀台灣發展的遠景與藍圖（陳水扁，1999）。在就職演說中陳水扁總統再度強調「必須提升生活品質，在生態保育與經濟發展之間取得相容的平衡點，讓台灣成為永續發展的綠色矽島」，落實「綠色矽島」的目標將是新政府施政的主軸。

於是行政院新聞局於二〇〇〇年雙十國慶期間推出「綠色矽島篇」形象廣告，廣告由長麗公司製作，廣告以一名踏著台灣形狀衝浪板的衝浪者，在數位的浪潮中踏浪前進。悠遊網路世界猶如夏季熱門的衝浪活動，須抓住時代潮流，方能趁勢而上、領略其中的樂趣。廣告標題 "Web Surfer's Delight- Taiwan, The Green Silicon island - Makes It Possible"（網路浪潮──「綠色矽島」台灣無限可能），在這波網路資訊新時代的浪潮中，台灣成功的發展經驗，可為國際社會做出重要貢獻。台灣在這波資訊科技發展中，不僅努力於產業精進提升，政府更致力建設一個注重環保的「綠色矽島」（**圖**3-10）。

此廣告除刊登於全球性媒體《國際前鋒論壇報》（*International Herald Tribune*）、美國《富比士雜誌》（*Forbes*）以及《亞洲華爾街日報》（*The Asia Wall Street Journal*）（見**表**3-2）外，並在地區性之重要媒體刊登，含美國《新聞週刊》、加拿大《渥太華公民報》、英國《泰晤士報》、西班牙《ABC日報》、巴拿馬《外交官半月刊》、秘魯《商報》、澳洲《澳洲人商報》、日本《產經新聞》等五十二家重要媒體刊登❷。

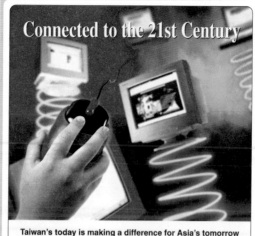

▲圖3-8 「連結二十一世紀」廣告（1998）

▲圖3-9 「台灣民主已獲成果」廣告（1998）

▲圖3-10　「綠色矽島」廣告（2000）

二、二○○一年「關公」、「孫悟空」廣告

　　二○○一年國家形象廣告係以「台灣新形象」為廣告主題，行政院新聞局在比案企劃書中表示，希望廣告能夠呈現台灣更是一個活力充沛的美麗之島、民主成熟、具包容力、創新性與多元化，是「資訊化、全球化、綠生活」的「綠色矽島」意涵。

　　經比稿結果，由長麗公司取得製作權，在平面廣告部分，一共

▼表3-2　二〇〇〇年「綠色矽島」廣告刊登表

發行區域	媒體名稱	語言	發行量	刊出頻率	屬性	刊登尺寸	版位
全球版	Forbes/富比士雜誌	英文	826,821	雙週刊	商業性	全頁，彩色	台灣特刊內版位
全球版	International Herald Tribune/國際先鋒論壇報	英文	234,722（歐洲版167,631，亞洲版47,786，美國15,784，中東3,521）	日報（週一至週六）	新聞（綜合）性	1/4頁，彩色	台灣特刊內版位
亞洲	The Asain Wall Street Journal/亞洲華爾街日報	英文	68,005	日報（週一至週五）	新聞（財經）性	1/4頁，彩色	台灣特刊內版位

資料來源：行政院新聞局。

設計兩幅廣告「關公篇」以及「孫悟空篇」，以「科技」與「文化」的結合作爲新台灣形象。平面廣告第一篇「關公與PDA」（請參閱第九章，圖9-14「關公與PDA」廣告），標題爲 "Passion, Dynamism, Assuredness- Always at Hand"（熱情、活力、自信，盡在掌中），廣告以一個傳統關公木偶手持掌上型電腦（personal digital assistant，簡稱PDA）爲主體。藉由古代關公夜讀《春秋》，而今日手中拿的是PDA，融合古典與現代科技。另一則廣告「孫悟空與手機」（請參閱第九章圖9-15「孫悟空與手機」廣告），標題 "Today's Taiwan- Shaping the Communications Revolution"（今日台灣，驅動著全球新一波的通訊革命），畫面是孫悟空戲偶手持手機。在古代的孫悟空手中握的是金箍棒，如今是拿手機，以古今交錯對比，點出台灣在新科技領域裏扮演著不可或缺的角色。台灣經過數十年的努力，在科技方面創造許多紀錄，台灣雖小影響卻大，就如

同台灣傳統民俗技藝掌中戲一般，只要不斷長進，一個手掌就是一個世界。

此次國家形象廣告尚有一創舉——拍攝電視廣告，這支三十秒的廣告片，先出現十四年前好萊塢電影「致命吸引力」情節中的對白畫面，諷刺台灣製的雨傘在大雨中打不開，接著旁白則說明今日台灣已非如此：如今台灣製造全世界的通訊產品，從手機、筆記電腦、個人數位處理器到衛星通訊傘，台灣已展現全然不同於以往的高科技專業。廣告中採取對比的手法，強調近年我國在高科技產品方面的研發產製，傳達我國人創新求變、精益求精的台灣精神。

除電視廣告、平面廣告的刊播，新聞局並在CNN等網站上刊登橫幅廣告擴大電視與平面媒體的宣傳，並設計一系列網路活動。利用網路媒體之全球性與互動性，將台灣的新形象以網路向世界擴散出去，網路活動包括提供線上欣賞電視廣告、免費下載螢幕保護程式以及平面廣告之桌面下載以及有獎徵答活動。利用有獎徵答中的問卷進行廣告效益評估，以贈送機票遊台灣或關公布袋戲偶之方式吸引讀者提高點選率。

對本案的詳細說明，請參閱第九章「國家形象廣告評選與執行：二〇〇一年個案」。

三、二〇〇三年 "Miss Taiwan" 廣告

從二〇〇〇年「綠色矽島篇」後，行政院新聞局製作形象廣告皆是以「科技」訴求作為出發點，二〇〇一年的「關公篇」、「孫悟空篇」也明顯點出台灣對於世界科技的貢獻。「Miss Taiwan篇」是二〇〇〇年行政院新聞局所推出的國家形象廣告（**圖3-11**），這篇廣告延續二〇〇一年的訴求，同樣是「科技」結合「文化」作為訴求的重點，在廣告中可以看見一位披掛中華民國台灣的選美小姐，身

▲圖3-11 "Miss Taiwan" 廣告（2003）

上所穿的是台灣的代表產業——晶圓，背景圖則呈現許多台灣的特色如原住民、雲門舞集以及美麗的風光景色，廣告標題 "Discover the allure of Taiwan- There's so much than trade and technology"（發現台灣貿易與科技之外的魅力），希望突顯台灣除了經濟成長與高科技產業外，還有許多特色值得外國人士仔細欣賞。

　　這幅廣告是行政院新聞局首度以「原住民文化」代表台灣形象，與過去強調保存中華文化的國家形象有很大的不同，更能貼近台灣的特色，且能夠與中國作出區隔。廣告由長麗公司製作。

四、二〇〇四年「台北101大樓」廣告

　　二〇〇三年十一月十四日台北101大樓落成啟用，該樓高度五百零八公尺，有一百零一層，較於之前世界最高的馬來西亞吉隆坡雙子星大樓（451.9公尺）尚高五十餘公尺，而成為世界第一高大樓。

▲圖3-12　「台北101大樓」廣告（2004）

　　台北101大樓基地面積9,159坪，總樓地權面積108,201坪，為全球首創多節式摩天大樓。第二十七層至第九十層共六十四層中，每八層為一節，每節外牆均外斜七度，共八節，寓「節節高昇、花開富貴」之意。此大樓正式名稱為「台北金融大樓」，係配合九〇年代經濟部推動「亞太營運中心」政策，而採BOT方式承建，由中華開發公司得標。

　　為慶祝台北101大樓落成，該年度國家形象廣告即以之為主角（圖3-12），由長麗公司製作。圖中舞者取材自雲門舞集檔案照片，以合成方式完成之。標題為 "Taiwan Stands Tall"（台灣亭亭玉立），副標題為 "Reaching out the world, Soaring toward the future"（世界接軌，飛向未來），廣告呈現了經濟、科技與文化的結合。

註釋

❶摘自《中國時報》1993年9月29日第22版。

❷資料來源：行政院新聞局（2000）《八十九年「國慶文宣專案」工作績效報告》。

第四章

「台灣民主化」形象廣告
分析

民主是普世價值，也是台灣重要資產，「台灣民主化」形象廣告始自一九九六年台灣首次公民直選總統，該年廣告以「跳高」為訴求，象徵中華民國跨越的最艱難的障礙，邁入真正民主國家的行列。二○○○年政黨輪替，廣告訴求「接棒」，以象徵政權的和平轉移，五二○總統就職廣告則強調「民主的微笑」，新任總統與林肯、邱吉爾、孫文畫像並列。

二○○四年也是台灣總統大選年，不過由於選後抗爭，因此該年並未以總統就職為主題進行國際宣傳。

第一節　一九九六年大選後之廣告

一九九三年行政院新聞局推出「蝴蝶的蛻變篇」國家形象廣告，以蝴蝶蛻變隱喻國家之成長，呈現台灣民主憲政改革的過程為「寧靜革命」，該則廣告推出後獲得熱烈的迴響。而一九九六年為台灣首次公民直選總統及副總統，因此新聞局亦配合推出以「台灣民主化」為訴求的國家形象廣告。

對台灣歷史而言，一九九六年是極重要的一年，四百年來台灣人第一次用選票選出自己的國家領導人——總統。

三月二十三日投票，開票結果與選前的民意調查一致，國民黨籍李登輝、連戰以5,813,699票當選正副總統，得票率54％，民進黨籍彭明敏、謝長廷得2,274,586票，得票率21.13％，獨立候選人林洋港、郝柏村得1,603,790票，得票率14.9％，獨立候選人陳履安、王清峰得1,074,044票，得票率9.98％。

此次選舉是台灣選舉史上層級最高、選區最大、政黨動員也是最龐大的選舉，除彰顯民主價值外，也確立台灣主權地位，李登輝

當選總統，得票率54％，加上民進黨籍彭明敏的得票率21％，二者合計75％，二氏主張的「台灣意識」清晰呈現台灣社會的主流價值。

　　為配合首次民選總統及副總統就職，並傳播我國民主改革成果，行政院新聞局推出以「台灣民主化」為訴求的國家形象廣告，並經由駐美各新聞處及駐外單位之意見彙整訴求方向，參加比稿的廣告公司須針對這些訴求重點，設計國家形象廣告，以爭取國際人士對我國推動民主政治上的努力有所認同，這些訴求重點包括：

1.台灣實行總統公民直選可向世人展示民主在中國社會卓然有成，對於中國未來發展有啟示作用。
2.我國與美國同樣崇尚民主與自由，在太平洋的東西兩岸互為對照，美國及歐洲實行民主已有數百年悠久之歷史，我國係首度舉行總統直選，如民主幼苗，我們期待關懷與成長。
3.美國社會普遍存有理想主義精神，因此廣告設計不必過度強調其在亞太地區之利益。
4.《亞洲華爾街日報》曾將台灣的經濟成長譽為「寧靜革命」，而我國在政治上的成長亦被德國慕尼黑大學政治系金德曼教授譽之為第二次的「寧靜革命」，以兩次寧靜革命相較，我國在民主政治的成長比經濟成長尚早一步邁入開發國家之林。
5.依中國發展史以觀，我國此次所舉行之總統直選係「值得五千年等待的一票」，且此五千年來之改革僅歷時九年，其間過程至為平和，足堪典範。
6.廣告訴求以我國首度舉行民選總統、落實民主化來突顯我國實行民主政治所內含的歷史意義及民主政治成果❶。

　　新聞局在提出廣告訴求說明後，便進行公開的徵選比稿，廣告甄選過程的結果，係由長麗公司所製作的「跳高篇」（**圖**4-1）獲

Democracy in Taiwan Clears the Top Hurdle

The Republic of China Completes Its Democratic Transformation

While the world watched closely, Taiwan voters demonstrated extraordinary composure last March in directly electing their president for the first time. This debunked the myth that democracy cannot take root in a chinese society.

With the election behind them, the 21 million people of the Republic of China are poised to contribute even more to peace and prosperity on the global stage. They know their efforts have not gone unnoticed, and that your support made a difference.

The Republic of China vaulted into the ranks of full-fledged democracies. The drama of that moment demonstrated that a democratic Taiwan remains vital to assuring regional and world stability.

TODAY'S TAIWAN, REPUBLIC OF CHINA

▲圖4-1 「跳高」廣告（1996）

選，廣告是以一跳高選手為主體，代表著中華民國跨越的最艱難的障礙，正式邁入民主國家的行列。長麗公司原設計「跳高篇」與「天鵝篇」兩案，後新聞局認為「天鵝篇」表現方式與一九九四年「蝴蝶的蛻變篇」類似，因此擇定「跳高篇」，廣告標題為 "Democracy in Taiwan Clears the Top Hurdle"（民主台灣跨越高欄）。

配合五月二十日總統就職典禮，此一廣告刊登的時間為一九九六年五月二十日當日或之前數日，廣告刊登的地點以美國為主，歐洲、亞洲居次，尤其是在美國主要大城市、重要媒體幾乎都有刊登廣告，以顯示我國對美國的重視，此外，其他與我國有重要實質關係的國家如日本、加拿大、澳大利亞、菲律賓、俄羅斯，以及歐洲地區部分國家亦有刊登（參見**表4-1**）。

該年廣告發生台北市廣告業經營人協會（即4A）抗議事件，由當時4A理事長莊淑芬領銜，所有4A會員公司具名，發函向新聞局抗議，抗議新聞局國際廣告自行發稿，「顯然有違廣告專業作為」，並要求新聞局長接見，當面陳報。

而新聞局內部意見為，經由廣告公司發稿，除廣告公司可由媒

表4-1 一九九六年「跳高篇」媒體計畫表

刊登區域	媒體名稱	刊登規格	刊登日期
美國	華爾街日報	黑白半頁	5/20
美國	時代雜誌（美國版）	彩色跨頁	5/20
美國	紐約時報	黑白半頁	5/20
美國	華府郵報	黑白半頁	5/20
美國	華盛頓時報	彩色半頁	5/20
美國	芝加哥論壇報	黑白半頁	5/20
美國	休士頓紀事報	黑白半頁	5/20
美國	洛杉磯時報	黑白半頁	5/20
美國	舊金山紀事報	黑白半頁	5/19
美國	新聞週刊	彩色全頁	5/20
加拿大	多倫多星報	黑白半頁	5/20
歐洲	經濟學人	彩色全頁	5/18
歐洲	時代雜誌（歐洲版）	彩色跨頁	5/20
德國	法蘭克福廣訊報	黑白半頁	5/20
英國	財經時報	1/4頁	5/20
法國	世界報	黑白半頁	5/20
奧地利	消息報	黑白半頁	5/20
亞太地區	遠東經濟評論	彩色全頁	5/20
亞洲	亞洲華爾街日報	黑白半頁	5/20
日本	產經新聞	半頁	5/20
日本	日本工業新聞	半頁	5/20
俄羅斯	勞動報	彩色半頁	5/17
菲律賓	菲律賓星報	黑白半頁	5/20
菲律賓	菲律賓新聞報	黑白半頁	5/20
澳大利亞	澳洲人報	1/4頁	5/20
澳大利亞	今日亞洲	黑白半頁	5/20

資料來源：行政院新聞局。

體處獲得百分之十五佣金外，該局尚須支付百分之十七點六五之企畫服務費，「廣告公司獲利極大」，而該局在全球均有駐外單位，其主要工作即與轄內媒體聯繫，而「洽商刊登廣告亦為重要業務的一部分」，而且該局聯繫網路深入駐在國地方性媒體，此為國內廣告公司發稿所不能及。此外，該局廣告經費逐年遭刪減，欲以極有限經費造成極大文宣效果，收回媒體購買「亦為不得已之作法」。此案後由當時局長胡志強批示由副局長葉天行接見溝通後結案。

第二節 二〇〇〇年大選後之廣告

　　台灣第二任民選總統（即中華民國第十任總統），於二〇〇〇年三月十八日投票。開票結果，民進黨提名候選人陳水扁、呂秀蓮獲勝，得票數4,977,737票，得票率39.30％；其餘候選人，依得票數序為，獨立參選人宋楚瑜、張昭雄得票數為4,664,932票，得票率36.84％；國民黨提名候選人連戰、蕭萬長，得票數為2,925,513票，得票率23.10％；獨立參選人許信良、朱惠良，得票數79,429票，得票率0.63％；新黨提名候選人李敖、馮滬祥，得票數16,782票，得票率0.13％。

　　此次，全國選民總數為15,462,625人，投票總數為12,786,671人，有效票總數為12,664,393票，投票率高達82.69％。

　　這次大選呈現四個意義——

　　一是民進黨從在野黨躍升為執政黨，國民黨交出執政權。民進黨在一九九七年縣市長選舉大勝，二十三縣市中贏得十二席，包含四省轄市（基隆、新竹、台中、台南），以及台北、宜蘭、桃園、新竹、台中、台南、高雄、屏東等大縣，完成多年來「地方包圍中央」的企圖；一九九八年選舉，民進黨雖然輸掉台北市，但贏得高雄

市，再加上此次選舉，中央「變天」，民進黨已經成為從地方到中央「完整」的執政黨。

其次，新總統產生，李登輝總統於五月二十日卸下總統職務，結束了十二年（一九八八至二〇〇〇年）的「李登輝時代」，李登輝主政十二年，執行民主化、本土化，使台灣脫離威權統治，確立台灣主權概念。而新總統的選出，一方面象徵「李登輝時代」的結束，但另方面卻仍是「台灣意識」的延續❷。

第三是棄保效應，一九九四年台北市長選舉，陳水扁、趙少康、黃大洲三強鼎立，選前幾天傳言棄保；而這次大選，棄保不再以耳語擴散，而是形諸廣告，並由候選人在造勢活動上公然呼籲，此外，這次棄保也非選前才發酵，而是三組候選人確立時，即有棄保之說，可見棄保已成了台灣選戰的主要策略之一。

第四，由於三強鼎立，民調起伏頗大，非等到票開出來，很難預測誰會當選，因此三組候選人的文宣也就競爭激烈，而且格調下降，大量使用負面廣告，使總統選戰打成如同縣市長選舉。

此外，競選廣告量也是台灣選舉史上最多的，據潤利公司統計，三組陣營的電視廣告量，若依媒體訂價直接計價，則合計高達三十六億。廣告以連蕭組最多，約二十億元，陳呂組八億六千萬元，宋張組七億七千萬元❸。

一、「接棒」廣告

二〇〇〇年三月十八日，台灣第二次總統、副總統直選投票日，為向世界各國展現我國的民主成就，新聞局委請長麗公司製作國家形象廣告——「接棒篇」，廣告藉由接力賽跑選手交棒的方式，表達我國經由全民自由投票選出新任總統，政權和平轉移，充分表現出民主政治運作正常無礙的精神，選手背後有一個阿拉伯數字

「2」，代表的是第二次的總統大選（**圖**4-2）。

接棒篇刊登日期多集中於選舉日（三月十八日）左右，配合國際媒體相關報導以強化我國家形象，刊播地區包括美洲、歐洲及亞洲，美國地區於《華盛頓郵報》及《時代雜誌》刊播、歐洲地區則選擇《經濟學人》、亞洲地區則在《亞洲週刊》、《財星雜誌》發稿（見**表**4-2所示）。

Nothing Succeeds like
Democratic Succession

Taiwan's mature democracy elects a new ROC president this March

Taiwan just goes on amazing the pundits. In one generation, the Republic of China has transformed an agricultural island into a key part of today's high-tech world. And in just over a decade, the ROC has peacefully built a vibrant democracy on Taiwan headed by a popularly elected president. Who thought this possible 20 years ago?

In true democratic tradition, the people of Taiwan are about to choose the next ROC head of state. Campaigning throughout Taiwan is spirited and debate is intense—healthy expressions of the democratic freedom to choose. No one can predict with certainty which candidate will emerge victorious, but that is the sure sign of a secure system that reflects Taiwan's economic and political stability.

The ultimate triumph of democracy is a peaceful transition of power in accord with the popular will. On March 18, the real victor will be democracy on Taiwan.

TODAY'S TAIWAN
REPUBLIC OF CHINA
http://www.gio.gov.tw

▲**圖**4-2　「接棒」廣告（2000）

表4-2　二○○○年「接棒篇」媒體計畫表

刊登區域	媒體名稱	刊登規格	刊登日期
美國	華盛頓郵報	彩色1/2頁	3/18
美國	時代雜誌	彩色全頁	3/20
歐洲	經濟學人	彩色全頁	3/18
亞洲	亞洲週刊	彩色全頁	3/17
亞洲	財星雜誌	彩色全頁	3/20

資料來源：行政院新聞局。

▲圖4-3　「民主的微笑」廣告（2000）

二、總統就職廣告

二〇〇〇年五月二十日總統就職典禮，新聞局為擴大宣傳活動，除平面廣告「就職篇」外，尚使用網路橫幅廣告，並且製作廣告特刊，說明陳水扁總統施政理念。

(一)平面廣告

長麗公司製作「就職篇」國家形象廣告，以總統當選人陳水扁為視覺中心，廣告標題 "A Smile for Democracy"（民主的微笑），背景以林肯、邱吉爾以及孫中山的笑臉肯定台灣首度的政黨輪替，向世人展現台灣的民主成果（**圖**4-3）。廣告中陳水扁總統照片係由一千餘張照片中選出，林肯、邱吉爾以及孫中山圖像為避免版權困擾，亦由專人根據照片臨摹而成。

就職典禮「民主的微笑」篇廣告主要於五月二十日總統就職前後刊登，刊登區域包括全球性的媒體以及美洲、歐洲、亞洲等重要國際媒體，包括《新聞週刊》、《今日美國報》、《洛杉磯時報》、

表4-3 就職篇媒體計畫表

刊登區域	媒體名稱	刊登規格	刊登日期
全球	新聞週刊	彩色全頁	5/22
美國	今日美國報	彩色1/3頁	5/20
美國	洛杉磯時報	彩色1/4頁	5/20
歐洲	國際前鋒論壇報	彩色1/4頁	5/20
歐洲	經濟學人	彩色全頁	5/19
亞洲	亞洲華爾街日報	彩色1/4頁	5/19
日本	產經新聞	彩色1/3頁	5/20
日本	President	彩色全頁	6/26

資料來源：行政院新聞局。

《國際前鋒論壇報》、《經濟學人》、《亞洲華爾街日報》、《產經新聞》以及《President雜誌》等（見**表**4-3）。

(二) 網路宣傳❹

除了平面媒體的宣傳外，並在CNN網站中之"Asia Now"專頁購買橫幅廣告（Banner Ad）擴大宣傳效果，刊登日期為五月二十日至六月二十日，廣告是以一組貴賓座椅、文字組合而成，標題為"Take a VIP seat at the Festivities"（坐上典禮的貴賓席）、"For the Republic of China's 2000 Presidential Inauguration"（參加中華民國二〇〇〇年總統就職典禮），標題以紅色布簾呈現，當紅色布簾逐漸拉開後便會呈現上述文字，點選後即連結到「就職篇」網頁。

進入「就職典禮」網頁後，上方有一醒目文字"You are invited to the inauguration of the ROC's new president"（敬邀參加中華民國新任總統就職典禮），文字下方為總統就職大典網路現場轉播貴賓卡及全球各主要城市實況轉播時間表，點選貴賓卡後即可連結到新聞局網站，觀賞全程就職典禮；在網頁最下方可分別連結到新總統簡傳、總統府網站、新聞局網站以及英文每日電子報。

(三) 廣告特刊

除廣告刊登、網路宣傳外，行政院新聞局委託紐約台灣同鄉聯誼會於《紐約時報》星期雜誌廣告特刊中刊登專文，總統當選人陳水扁以「民主乃普世價值」為題，暢談治國理念。總統在專文中說，就任總統之後的首要任務是如何奠定一個台灣百年基業的政經宏規，讓憲政體制、政治體制和經濟體制回歸到民主國家的常軌。除此之外，兩岸關係亦為攸關台灣發展極為重要的議題。他提出「新中間哲學」的治國理念，以安全和發展兩大主軸貫穿國家安全、經濟安全、社會安全、夥伴政府、希望產業與綠色矽島等六大理

念。

　　陳水扁總統專文另提出兩岸關係、民主機制、與經濟制度等三大正常化主張。兩岸關係正常化是以國家安全為前提，促進兩岸關係全面正常化，以「積極管理」取代「消極管制」，有條件開放三通，建立互惠互利的兩岸經貿關係。在民主機制正常化方面，他提出落實政黨輪替，建立符合民意政治、政黨政治、責任政治的民主機制；推動憲政改革，以三權分立、總統制、健全國會來解決台灣的憲政問題，開創台灣憲政的新方向。

　　在經濟制度正常化方面要徹底終結黑金體制，消除官商勾結，健全地方基層金融，建立公平正義的新社會。總統強調，新政府秉持用人唯才，除了提名素具民主素養的原國防部長唐飛擔任閣揆之外，在內閣閣員方面也盡力延攬社會清流和專業人士出任。他說，全民政府在政治上所表現出來的只有一個簡單的原則，就是國家的利益超越政黨的利益，國家的利益優於他個人的利益，一切施政以國家利益為優先。

　　文章最後強調，台灣的人民充滿人情味，也充滿經濟的活力，體現了「年輕台灣」的特質。未來將以創造「活力政府」為目標，讓台灣的競爭力和旺盛的創造力成為台灣的進步動力。

　　此一特刊總共有十頁，第一頁以台灣古地圖為背景，三組總統候選人的照片為主軸，象徵台灣的開發歷程，充分實現民主化的目標，開啟歷史新頁，成為積極推動民主建設的典範❺。

　　二○○四年也是台灣總統大選年，由於三月十九日槍擊案，以及選後落選者連戰與宋楚瑜的支持群眾，群聚凱達格蘭大道、中正紀念堂抗議，並有選舉訴訟，因此該年新聞局並未以總統就職為主題進行國際廣告。

註釋

❶資料來源：行政院新聞局（1996），《葉副局長主持八十五年國家形象廣告比稿背景說明參考資料》。

❸摘自鄭自隆（2004），《競選傳播與台灣社會》，台北：揚智，頁221-222。

❹參考自行政院新聞局（2000），《檢呈本局於CNN網站刊登「橫幅廣告」（Banner Ad）之創意圖稿》。

❺資料來源：中央社（2000年5月18日），〈陳水扁將在紐約時報星期雜誌特刊談治國理念〉。上網日期：2003年10月24日，網址：http://www.future-china.org.tw/fcn-tw/200005/2000052004.htm。

第五章

「平衡台美貿易」
議題廣告分析

　　八〇年代末期，我國經濟繁榮，出口熱絡，也導致巨額台美貿易逆差，形成台美關係緊張，一九八七年的"We Buy American"系列廣告係向美國民眾訴求我國平衡台美貿易逆差誠意與努力。系列稿有六幅，以隔兩週方式刊登於《時代週刊》雜誌上，構圖簡潔，傳達訊息明確，是難得的國際文宣佳作。

　　廣告形塑了「重視平衡對美貿易」、「歡迎美國進口投資」兩個主題，符合原先的傳播意圖，在訊息處理方面，使用單面說服，運用大量政治符號，可惜使用短文案，以致缺乏具體描述，無法傳達更豐富的資訊。

第一節　廣告內容

一、廣告緣起

　　八〇年代台灣經濟起飛，成了出口導向的國家，尤其對美貿易順差龐大，是美國第三貿易順差國，順差額一年達百億美元，在多次台美經貿談判中，美國不斷要求開放市場、降低關稅，並威脅貿易報復，以提出「綜合貿易法案」條款著名的眾議員蓋哈特還提出一份「不公平貿易黑名單」（unfair traders blacklist），「台灣」赫然名列其中。

　　行政院新聞局為表示我國平衡中美貿易逆差的誠意與努力，一九八七年四月至七月在美國《時代週刊》（*TIME*）刊登六幅系列性廣告，向美國民眾傳達這項訊息。這六幅廣告名之We Buy American（買美國貨）系列廣告。

We Buy American 系列廣告由當時任職奧美廣告公司的王念慈統籌，不拿酬勞義務協助，設計則由檸檬黃設計公司蘇宗雄負責執行。廣告以赴美採購、貿易平衡、開放市場、降低關稅、投資環境、高科技為主題，針對六大主題由顧問群構思創意。新聞局外籍顧問賴大衛的想法，既是要表現赴美「採購」，就畫一張支票，蘇宗雄看了草圖，又把美國地圖加上去。第二張要表現貿易「平衡」，賴大衛就畫了一輛協力車，開發科技顧問公司副總經理吳葆之，又想到可用台、美二國的錢幣當輪子。第三張要表現「台灣是優良投資環境」，賴大衛與吳葆之均想到一句英諺：Money doesn't grow on trees（錢不會長在樹上，意味要勤奮工作才會有收穫）。如果把這句話倒過來，不正說明企業在台灣投資的高投資報酬率嗎？就這樣一張張廣告完成了創意發想，為求精準，草圖完成後還影印十餘份，發送在台外國人，訪問並填答問卷，作為修改依據。在製作方面更求完美，為拍第二幅廣告的錢幣，蘇宗雄特地到中央銀行換了一百枚銅幣，仔細挑選，以求幣面紋路清晰可見❶。

這並不是我國第一次在美國大眾傳播媒介刊登系列性國家形象的廣告，早在一九七三年六月十一日我國就曾在《紐約時報》刊登廣告，至同年十一月十九日止每隔兩週見報一次，共計刊登十二幅廣告，總其名為The Case of Free China系列廣告。與一九七三年之廣告活動比較，此次的廣告主題顯得較特定性，完全以傳達平衡貿易為主要訊息。而一九七三年之廣告，則以廣泛塑造中華民國新形象為主題，試圖告知美國民眾中華民國是自由國家、民主國家、進步繁榮的社會以及維護傳統文化（參見第二章 The Case of Free China形象廣告分析）。

We Buy American和The Case of Free China一樣，都是跨國界的傳播。本章以國際傳播與政治傳播的角度，探討We Buy American系列廣告的形象塑造、訊息策略、可讀性分數，並與《時代週刊》

的其他非商業廣告（non-profit advertisement）比較，以瞭解We Buy American是否符合美國非商業廣告的風格。

二、內容簡介

We Buy American系列廣告共有六幅，每幅均為全頁彩色廣告，其內容如下：

第一幅刊登日期為一九八七年四月二十七日，標題："We Buy American"（我們買美國貨）。內文：中華民國採購美國產品，不僅是為了友誼，而是我們的政策。過去八年在正常貿易之外，我們的採購團已購買了超過八十一億美元的美國產品。插圖：一張台灣銀行面額八十一億美元的支票正投入一個由星條旗刻成美國地圖的撲滿裏（圖5-1）。

▲圖5-1 「買美國貨-1」廣告（1987）

▲圖5-2 「買美國貨-2（平衡）」廣告（1987）

▲圖5-3 「買美國貨-3（歡迎）」廣告（1987）

▲圖5-4 「買美國貨-4（投資成長）」廣告（1987）

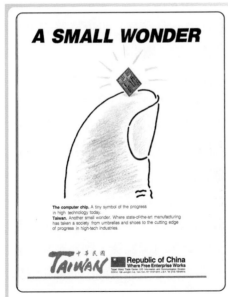

▲圖5-5 「買美國貨-5（晶片）」（1987）

▲圖5-6 「買美國貨-6（掃除貿易壁壘）」廣告（1987）

第二幅廣告刊登日期為一九八七年五月十一日，標題：
"Balance"（平衡）。文案：保持雙邊滑潤的貿易關係的主要因素是
──平衡。貿易是中華民國台灣經濟繁榮與成長的原動力，與我們
主要的貿易夥伴（如美國）保持平衡的貿易關係是我們的目標與承
諾。插圖：以協力車來表現平衡，一輛奔馳協力車的兩個輪子，一
個輪子是台幣十元硬幣，一個是美金1/4元硬幣（圖5-2）。

第三幅廣告刊登日期為一九八七年五月二十五日，廣告標題為
"Welcome"（歡迎）。文案：歡迎蒞臨中華民國台灣。台灣敞開大門
歡迎銷售與投資。從農產品到先進的電訊產品，我們都歡迎參與，
機會屬於您。插圖：敞開的古典中式朱門，門外大樓IBM與大同的
招牌並列（圖5-3）。

第四幅廣告，刊登日期為一九八七年六月八日，標題：
"Money Grows"（金錢成長）。文案：金錢在滋潤的環境成長。有什
麼理由不將您的投資深植於中華民國台灣？插圖：以美鈔十元捲成
的樹幹，結滿了果實，種植在具備「穩定的社會、獎勵工商業、現
代化基礎架構、高度技術與生產力的人力資源」四項特質的土地
上。象徵來台投資，將使企業變成搖錢樹（圖5-4）。

第五幅廣告刊登日期為一九八七年六月二十二日，標題："A
Small Wonder"（小奇蹟）。文案：電腦晶片，今日高科技進步的一
個小象徵。台灣，另一個奇蹟，一個由生產雨傘、鞋子以至於高科
技商品的社會。插圖：一個拇指頂著一片閃閃發光的晶片。以晶片
象徵台灣在高科技產品的進步（圖5-5）。

第六幅廣告刊登日期為一九八七年七月六日，廣告標題：
"Ballooning Sales"（飛昇的銷售量）。文案：美國商品在台灣的銷售
量正在飛昇中。美國廠商有更多的機會來台灣賺錢，因為台灣正在
掃除貿易壁壘。插圖：象徵美國貨的大汽球正在飛昇，而圖中的國
人用剪刀剪掉象徵貿易壁壘的沙袋（圖5-6）。

六幅廣告有統一的風格，標題文案均十分簡短，插圖由插畫與實物共同組合而成，插畫由手繪線條（free-hand）方式畫成。

LOGO部分，有英文中華民國台灣字樣，及一句標語「推動自由企業之地」，以及台北世貿中心在美資訊傳播辦事室的英文地址及電話。中文有「中華民國」四字，及一幅國旗圖案。

第二節　廣告分析

一、刺激－反應循環

國際政治傳播是建立在國內「刺激－反應循環」與國際「刺激－反應循環」的交互影響關係上，此種關係謂之刺激反應模式（Bobrow, 1972）。

從**圖**5-7可瞭解，就A國而言，對B國的行為產出所形成的刺激（S1）會形成國內的反應（Ra）以瞭解B國對A國的態度與行為，而反應（Ra）會形成刺激（Sa）「A國對B國的計畫與意向」，刺激（Sa）會成為A國行為產出（R1），R1對B國而言則為新的刺激（S2），B國接受此刺激後會形成國內的「反應（Sb）－刺激（Rb）」模式，做成B國的反應（R2），R2經行為產出再形成對A國的S1，如此循環，週而復始，即形成國際政治傳播的刺激反應模式。

就We Buy American廣告而言，對我國——

S1：美國不滿高額逆差，擬採取報復。

Ra：瞭解「美國不滿高額逆差，擬採取報復」。

Sa：思考嘗試經由廣告，以傳達我國平衡中美貿易的誠意。

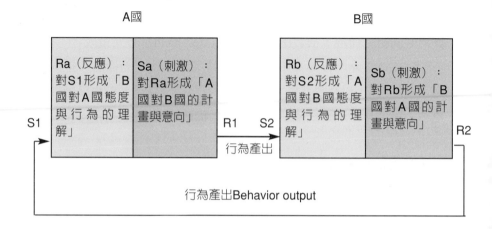

▲圖5-7　國際政治傳播刺激反應模式

資料來源：參考自 Bobrow（1972）。

R1：進行We Buy American廣告。

而We Buy American廣告傳播效果，端視其是否能對美國政府與民眾產生如下的刺激反應模式而定——

S2：閱讀We Buy American廣告。

Rb：瞭解台灣的態度，同意台灣具備平衡台美貿易的誠意、台灣歡迎美國進口投資。

Sb：不須對台採取貿易報復。

R2：維持現行經貿關係。

從上述廣告內容與「國際政治傳播刺激反應模式」的說明可以瞭解，We Buy American系列廣告擬塑造「台灣重視平衡對美貿易」、「台灣歡迎美國進口投資」的形象。

二、形象塑造

所謂形象，簡單的說，指一個人或一個團體，對另一個人或另一個團體的看法或想法。這種看法或想法有的由知覺與感覺形成，有的由經驗或觀察而形成的。這種心中的圖像，都是籠統與蓋括的，換言之，形象是經由「以偏概全」的概化（generalization）過程而形成的。

Kelman（1965）認為，人們對一個國家的形象可分為認知、情感、行為三個部分：

1.認知單元（cognitive component），指個人透過理性知識來認識一個國家，所以又稱之知識單元（intellectual component）。

2.情感單元（affective component），對一個國家表現喜歡或不喜歡的態度。

3.行為單元（action component），根據認知單元與情感單元，而對另一國家態度所表現的外在反應。

而形象係由認知特性（cognitive attribute）交織而成的。We Buy American主要塑造「台灣重視平衡對美貿易」與「台灣歡迎美國進口投資」兩個形象。

以內容分析法來分析We Buy American六幅廣告的標題與文案，其結果如**表5-1**。將構成形象的認知特性作為類目（categories），而以句作為分析類目的計算單元（unit）。

經分析結果發現——

1.形象一：台灣重視平衡對美貿易

▼表5-1　形象塑造

形象	認知特性（類目）	單位（句）	百分比	分配篇數
重視平衡對美貿易	基於友誼而形成的對美貿易政策	4	16.7	3
	大量採購美國貨	4	16.7	3
	貿易平衡是雙方的責任	1	4.2	1
台灣歡迎美國進口投資	台灣重視貿易、掃除進口壁壘	2	8.3	2
	台灣投資環境優良	9	37.5	3
	台灣產品種類多、具備高科技能力	4	16.7	2

此形象係由三個認知特性構成的：

(1)基於友誼而形成的對美貿易政策。

(2)大量採購美國貨。

(3)貿易平衡是雙方的責任。

構成此形象的共有九句，占全部標題與文案句數的37.6％。

2.形象二：台灣歡迎美國進口投資

此形象亦由三個認知特性構成的：

(1)台灣重視貿易，掃除進口堡壘。

(2)台灣投資環境優良。

(3)台灣產品種類多，具備高科技能力。

構成此形象的共有十五句，占全部標題與文案的62.5％。

據新聞局的構想，We Buy American六幅廣告分別以(1)赴美採購；(2)貿易平衡；(3)開放市場；(4)優良投資環境；(5)高科技；(6)降低關稅為六大主題❷。亦可發現前三幅集中塑造「台灣重視平衡對美貿易」形象，而後四幅則塑造「台灣歡迎美國進口投資」形象。

三、訊息策略分析

　　We Buy American系列廣告用以傳達我國平衡貿易誠意，並塑造「重視對美貿易」、「歡迎美國進口投資」形象，試以單面或雙面說服、細節陳述、時宜性、接近性、政治符號運用等子題分析其訊息策略：

(一)單面說服

　　We Buy American六幅廣告均使用單面說服（one-side persuasion），敘述我國大量採購美國貨、掃除貿易壁壘、投資環境優良等等。而在美國國內巨幅的貿易逆差已成為嚴重的問題，因此只使用單面說服，對美國民眾而言是否具備足夠的說服力，實在不無疑問。

　　從傳播理論而言，單面說服適合無爭論性議題，而對象是較低程度的閱聽人，雙面說服（two-sided persuasion）剛好相反，適合有爭論性的議題，而對象是知識水準較高的閱聽人，而我國以平衡逆差這種敏感性議題為主題，選擇美國菁英分子閱讀的刊物，因此使用雙面說服可能較為適當。

　　事實上，在一九七三年所刊登的The Case of Free China系列廣告就採用兩面說服策略，除讚揚台灣的優點外，也主動地談台灣的缺點，如讚揚台灣的富足與進步外，也承認空氣污染與交通問題。

(二)細節陳述

　　We Buy American以「簡潔」為設計重點，短標題（最長三個字）、短文案（最長的一篇僅四十六字）、Free-hand式的插圖。

　　著名廣告撰文人、奧美廣告公司創辦者David Ogilvy認為，對

大部分產品來說，長的文案比短的文案推銷力更強，因為不管讀者是否會看文案，文案長的廣告表示你要傳達一些重要的訊息，而告訴讀者越多的事實，就賣越多的商品❸。

在We Buy American中，應可以再陳述更具體的細節，以加強廣告的說服力，例如：第一幅廣告，說明我國採購團購買八十一億元的商品，似可更詳細說明其中農產品占多少百分比，資訊產品占多少百分比，機械產品占多少百分比……等，以增加與該商品有關人士的注意與興趣。

第四幅廣告，說明我國人力資源豐沛，有現代化的基礎架構。似可再以我國國民平均受教育年數、大學生比率來說明何謂「高度技術與生產力的人力資源」，以電話普及率、大眾媒介普及率、鐵公路密度、民眾識字率來說明何謂「現代化的基礎架構」。

第五幅廣告，說明我國有生產高科技產品的能力，亦可再更進一步說明各種高科技產品的產能。

第六幅廣告，說明我國正在撤除貿易壁壘，可再舉例說明我國大幅減低關稅，如成衣關稅已從百分之六十降低至百分之十五，比美國還低！

在一九七三年的The Case of Free China，就一再以具體數字來展示事實，而不作概括性字句的說服，如一九七二年台灣輸出黑白電視機三百五十萬架，彩色電視機二十五萬架（第二幅廣告），一九六五年美援停止，國民生產總額躍升為百分之二百五十（第四幅廣告），三家電視台每週播映二百小時（第七幅廣告），及學齡兒童就學率超過98％（第八幅廣告）。

(三)政治符號

We Buy American是跨國的政治廣告，因此必然運用政治符號作為訴求。在插圖與LOGO部分有美國國旗圖案的撲滿與高空汽球，

▼表5-2　政治符號的運用

	國別	政治符號	出現次數	出現篇數
甲、插圖與LOGO部	美國	美國國旗圖案	2	2
		美國錢幣	2	2
	中華民國	支票或錢幣	2	2
		國旗（LOGO）	6	6
		中英文國名（LOGO）	6	6
乙、標題與文案部	美國	USA, America, United States…	8	3
	中華民國	ROC, Taiwan	9	4

美國硬幣與紙鈔，我國的支票、錢幣、國旗、中英文國名。在文字部分，美國國名、美國貨出現八次，占全部文案與標題字數3.4%，而中華民國國名出現九次，占全部文案與標題字數3.8%，二者合計占總文案與標題字數7.2%，不可謂不高（參閱**表5-2**）。

四、可讀性分析

本章根據Klare（1963）所引述之Flesch，以測量We Buy American六幅廣告。Flesch公式如下：RE＝206.835－0.846 wl－1.015 sl（RE為可讀性分數、206.835為常數、wl為每一百字之音節數、sl為每句之平均數字）。

由於We Buy American每幅文案長度均不滿一百字，因此再根據下列公式以修正之並求出wl。

wl＝N1×100/N2

　　N2為每篇實際字數

　　N1為每篇實際音節數

經計算每幅廣告的可讀性分數如下：

RE（1）＝44.728

RE（2）＝40.782

RE（3）＝30.530

RE（4）＝34.131

RE（5）＝42.205

RE（6）＝36.724

　　為比較We Buy American的可讀性與《時代週刊》雜誌文章及《時代週刊》其他非商業性廣告的文案可讀性，再以隨機的方式各抽取六篇廣告刊登當期"*TIME*"文章與非商業性廣告，分別測量其可讀性分數。其結果如下：

　　1.《時代週刊》文章

　　　RE（1）＝26.978

　　　RE（2）＝41.735

　　　RE（3）＝7.894

　　　RE（4）＝44.474

　　　RE（5）＝42.686

　　　RE（6）＝41.821

　　2.《時代週刊》非商業性廣告

　　　RE（1）＝81.798

　　　RE（2）＝44.173

　　　RE（3）＝60.072

　　　RE（4）＝66.013

　　　RE（5）＝37.231

　　　RE（6）＝41.936

▼表5-3　三類可讀性分數之變異數分析

來源	平均數	標準差	F值	p值
本廣告	38.1833	5.3657		
*TIME*文章	34.2563	14.4034	4.213	.035
*TIME*非商業性廣告	55.2038	17.1378		

　　再以ANOVA分析這三類（1. We Buy American；2.《時代週刊》文章；3.《時代週刊》廣告）是否有差異，其結果如**表5-3**。

　　亦即We Buy American、《時代週刊》文章、《時代週刊》廣告三類之可讀性有顯著之差異，《時代週刊》之非商業性廣告可讀性最高（平均分數55.20），We Buy American次之（平均分數38.18），《時代週刊》文章又次之（平均分數34.26）。

　　為瞭解We Buy American與《時代週刊》其他非商業性廣告風格是否一致，再從刊登We Buy American之《時代週刊》中以隨機方式抽取七幅非商業性廣告，分別與We Buy American比較標題字數、文案字數、插圖在版面所占之比率、空白在版面所占之比率。經ANOVA分析結果如下：

(一)標題字數

　　We Buy American與其他廣告在標題字數有很顯著之差異（F值17.0427，p＜.01），We Buy American標題字數較短（平均2個字），其他廣告較長（平均8.29個字）

(二)文案字數

　　We Buy American與其他廣告在文案字數有很顯著的差異（F值15.3228，p＜.01），We Buy American文案字數較短（平均31.50

字），而其他廣告文案字數較長（平均171.71字）。

此外，插圖在版面所占之比率，二者無顯著之差異。空白在版面所占之比率，亦無顯著之差異。

We Buy American塑造了「重視平衡對美貿易」、「歡迎美國進口投資」兩個形象，符合原先的傳播意圖。在訊息運用方面，使用單面說服，大量使用政治符號，可惜缺乏具體描述，文案長度較其他商業廣告短了許多。在可讀性方面，We Buy American高於《時代週刊》文章，但低於《時代週刊》其他非商業性廣告，亦即以廣告文字而言，可以再淺顯一些。在設計風格方面，We Buy American在插圖與空白在版面所占之比率，與《時代週刊》其他非商業性廣告無顯著之差異，但標題與文案長度均太短，不過插圖設計顯眼，傳達訊息明確。

註釋

❶We Buy American廣告製作過程，參考自陳雅玲〈我們買美國？〉，《光華雜誌》（1987年六月號），頁101-105。

❷參考自陳雅玲〈我們買美國？〉，《光華雜誌》（1987年六月號），頁101-105。

❸參考自洪良浩、官如玉譯（1984），《歐格威談廣告》（*Ogilvy on Advertising*），台北：哈佛企管，頁84-93。

第六章

「參與聯合國」議題
廣告分析

　　我國自一九九三年即有「參與」聯合國議題廣告。一九九三年廣告是「協力車」，以多人協力車少了一個人，來象徵台灣的缺席；一九九四年「交通燈號」，一九九五年「拼圖」，一九九九年「芭蕾舞鞋」，二〇〇三年的「地鐵車票」，這些廣告都偏向軟調，甚至有點自憐與自怨自艾。

　　但二〇〇四年後，強度有了明顯的轉變，第一篇"UNFAIR"，訴求聯合國對台灣的不公平，第二篇「權威中國不能代表民主台灣」、第三篇「台灣二千三百萬人需要有自己的聲音」，勇敢說出台灣人民心聲，二〇〇五年適逢聯合國六十週年，我國更以"UNHappy Birthday"為主題，明確表達不滿。

第一節　我國加入聯合國的努力

　　一九七一年，台灣被逐出聯合國，聯合國大會做成二七五八號決議文，將蔣介石代表驅逐，並將中國席次交還給中華人民共和國，並為五個常任理事國之一❶。中華人民共和國成功繼承中華民國的國際人格。

　　喪失聯合國席次，不但同時喪失聯合國所屬國際機構（如聯合國教科文組織、世界衛生組織）的代表權，更象徵國際人格消失，許多國家也因此與我斷交，台日一九七二年斷交，台美關係拖至一九七九年亦斷交，蔣介石「漢賊不兩立」的外交政策，導致台灣成為國際孤兒。

　　隨著台灣民主化的進展，以及台灣主體意識的提昇，台灣民間從八〇年代後期開始有了加入聯合國的聲音，一九九一年九月民進黨黨籍立委蔡同榮等人在台北、高雄舉行遊行，呼籲以「台灣」之

名加入聯合國,當時國民黨籍立委黃主文,也提出應以中華民國名義重新加入聯合國的主張。李登輝政府正視這些訴求,從一九九三年開始推動「參與」聯合國。

政府推動參與聯合國案係基於一九四九年以後中國分裂、分治,台海兩岸政治實體對等並存的客觀現實,尤其在一九九一年宣布終止動員戡亂時期臨時條款後,已正視兩岸為兩個政治實體,因此拓展我國際空間並非挑戰中國既有之利益,且是基於三項基本原則與認知加以推動,即不排除未來中國統一;不挑戰中共在聯合國既有之席位;兩岸對等參與聯合國或平行共存於國際社會對將來的中國統一有積極的作用,在進行文宣工作時,也以這三項原則作為文宣重點❷。

自一九九三年以來,外交部透過友邦提案,首先是希望聯合國大會成立「特別研究委員會」,研究台灣參加聯合國的可行方案。再來是要求聯合國大會重新檢討、撤銷或修改一九七一年所通過的二七五八號決議,以期達到所謂「分裂國家平行代表權」的模式,如前東德和西德以及目前的大韓民國和朝鮮民主主義人民共和國,均為分裂國家平行參與聯合國之先例,我國可用「中華民國」或「中華民國在台灣」的名稱參與,一九九九年至二〇〇一年的提案,則是要求聯合國大會設立「工作小組」,以研究台灣加入聯合國的問題。

根據二〇〇二年我十二國友邦請求在聯合國第五十七屆會議議程內列入中華民國(台灣)在聯合國的代表權問題中提到:中華民國(台灣)是一個愛好和平的自由國家,然而,它卻是唯一仍被排除在聯合國之外的國家,台灣應該加入聯合國原因如下:

1.普遍性是聯合國的一項基本原則。
2.大會第二七五八號決議沒有解決台灣的代表權問題。

3.中華民國（台灣）是一個主權國家，是國際社會建設性的成員。

4.將台灣排除在聯合國之外是對台灣人民的歧視，剝奪了他們受益於聯合國的工作並為之作出貢獻的基本人權。

5.中華民國在台灣能夠而且願意履行《聯合國憲章》規定的所有義務。

6.台灣參與聯合國有助於維護亞洲及太平洋的和平與穩定。

7.中華民國在台灣獲得聯合國的代表權可促進全人類的共同利益❸。

「參與聯合國」案由外交部主導，行政院新聞局係配合相關文宣工作。外交部制定政策與方針，參酌全球各地區的情勢，擬定「推動參與聯合國」遠程、近程之傳播計畫，針對國際重要媒體、學界、智庫以及國際政壇權威人士，分階段進行各項文宣工作。行政院新聞局負責於每年聯合國大會召開期間，辦理各項文宣工作，呼籲國際社會重視我國加入聯合國，參與聯合國國際傳播工作之目標及作法包括編印文宣資料於聯合國大會九月開議之前送達外館，並配合有關新聞傳播活動以造成聲勢；製作三至五分鐘短片分送全球運用；學者團出國宣說，由新聞局長率領學者團分赴世界各地拜會政府、學術、媒體單位說明；以及製作「參與聯合國」廣告刊登於全球各平面媒體及刊登專文廣告，加強輿論對我國加入聯合國的瞭解與支持。

回顧我國加入（或「參與」）聯合國廣告，我國自一九九三年以來，即透過友邦提案，首先是希望聯合國大會成立「特別研究委員會」，研究台灣參加聯合國的可行方案。一九九三年廣告是「協力車篇」，以「我國在獲得各項建設成就後，有誠意回饋國際社會，以及中國在國際間處處杯葛台灣之不合理」為主題，以各國人士共乘一

部協力車走上坡路,但其中卻有一個座位缺席(台灣)爲圖案設計,隱喻若我國參與聯合國必能給予助力,使協力車運行不吃力。

一九九四年的廣告以一幅亮有綠燈的交通號誌爲主題,籲請國際組織開放對我國之禁令,容許我國在國際社會上扮演更積極的角色。一九九五年爲聯合國五十週年,該年廣告以一幅有聯合國圖徽及阿拉伯數字五十的拼圖,但拼圖獨缺一塊台灣而顯得不完整,藉以表現聯合國因未將台灣納入而欠缺全面代表性。一九九六年總統大選,中國對我文攻武嚇,並在台灣海峽舉行軍事演習,爲維持台海和平,降低中國敵意,當時外交部長章孝嚴表示,參與聯合國並非我政府首要工作,而減緩辦理相關活動,因此該年沒有進行文宣。

加入聯合國廣告中斷至一九九九年才恢復,該年新聞局擴大舉辦「參與聯合國」宣傳計畫,不同於過去只有平面廣告、專文的刊登,還佐以網站、舉辦徵文比賽以及刊登網路廣告等做法,多元進行宣傳,平面廣告爲「芭蕾舞鞋篇」,該幅廣告訴求仍是以台灣希望在國際社會上有發揮的空間作主軸,台灣就像廣告圖片中的芭蕾舞鞋那樣,已經準備好在國際舞台上大放異彩,可是卻被冷落在角落,呼籲國際社會讓我國加入聯合國。原定計畫於聯合國大會開議期間推出該則廣告,但突遇九二一大地震,所有宣傳活動於是宣告停擺。

二〇〇〇年,台灣總統大選並政黨輪替,因此該年新聞局國際宣傳的焦點多集中在台灣民主政治的表現,沒有推出加入聯合國廣告。二〇〇一年的「參與聯合國」計畫,則是延續一九九四年的「號誌燈」篇的概念,推出一系列以「台灣加入聯合國——等待綠燈中」爲主題的戶外廣告,希望向各國駐聯合國代表團及美國民眾,傳遞台灣人民企盼聯合國敞開大門的心聲。

二〇〇三年則以「搭上聯合國列車」爲宣傳主軸,廣告搭配紐約地鐵票圖樣,於票面上陳述台灣應該被聯合國接納的三大理由,

包括台灣是國際社會繁榮和平的貢獻者、負責任的全球公民、擁有二千三百萬人民的民主成熟國家等，說明台灣已具備搭乘聯合國列車的各項條件及準備，期盼國際社會伸手接納。該廣告於聯合國大會期間在聯合國大樓前巴士候車亭刊出，此外，該年還使用廣播廣告與在《紐約時報》社論版刊出專文廣告。

二〇〇四年廣告訴求主題改為較以往強硬的「停止政治隔離」，期待聯合國能夠依其會籍普遍化原則，停止對台灣二千三百萬人民的「政治隔離」；由於訴求主題的轉變，配合文宣工作的新聞局在該年廣告也採取和往年截然不同的做法，以強硬、直接的「硬銷」，替代往年低調、迂迴的「軟銷」。

使用兩篇報紙稿，第一篇是"UNFAIR"，訴求聯合國將台灣排除在外是「不公平」，標題就是大字的"UNFAIR"，副標題是「台灣被排除聯合國之外，公平嗎？」將聯合國的UN與公平（Fair）合在一起，變成「不公平」，創意頗見巧思，文案並表示「聯合國是世界大家庭，將台灣二千三百萬人排除在外是不公義行為」。口號是「支持台灣參與聯合國」，LOGO是"Today's Taiwan ,R.O.C."，以往都是使用中華民國英譯全名，但該年只用縮寫。第二篇是「威權中國不能代表民主台灣」，文案是「中國宣稱在聯合國代替台灣，它怎有此權利？台灣二千三百萬人須要有自己的聲音」。

二〇〇五年適逢聯合國六十週年慶，我國推出"UNHappy Birthday"廣告，亦是使用合成式的雙關語，一方面祝賀聯合國生日快樂，另方面也呈現「不快樂的生日」──因為大家庭中有一個成員被排除在外，廣告副標題以"Can a family be happy without one member missing?"呈現，表達台灣的不滿。

從上述我國加入聯合國廣告的回顧，可以瞭解這是一條漫長而艱辛的路，艱辛除來自中國蠻橫外，台灣內部無法形成共識也是原因，台灣要進入聯合國是「重返」還是「加入」？由於中華民國國

際人格被中華人民共和國繼承，「重返」乃不可能，因此以新會員國資格「加入」是最適當的訴求，但由於國內部分人士國家認同分歧，所以我國對外文宣不用「加入」而用「參與」（participation）。

內部形成共識並建立台灣主體意識是台灣加入聯合國的第一步，戰略指導戰術，文宣廣告只是戰術的一部分呈現，必須權衡國際情勢，凝聚國內意識，以形生果決而清晰的戰略，否則戰術可能徒勞而無功。

第二節　歷年「參與」聯合國廣告分析

一、一九九三年：「協力車」廣告

（一）廣告創意

「協力車篇」廣告係以「我國在獲得各項建設成就後，有誠意回饋國際社會，以及中國對我在國際間處處杯葛之不合理」為主題。

▲圖6-1　「協力車」廣告（1993）

在設計上為去除嚴肅的政治意味，以吸引國際人士之注意，以各國人士共乘一部協力車走上坡路為圖案設計，隱喻若我國參與聯合國必能給予助力，使協力車運行不吃力。廣告圖案以卡通形式表達，廣告標題為"Without a full team, it's uphill for the U.N."（缺乏完整團隊，聯合國運作吃力）。雖然廣告造型特殊、立意明確，清晰表達我國參與聯合國的意願，然而聯合國真會因沒有台灣的加入而運作困難？其實未必，這幅廣告遷就創意，忽略了客觀事實（圖6-1）。

協力車篇廣告在一九九三年五月於美國《紐約時報》以及《華府郵報》刊載，六月刊登於歐洲的平面媒體，之後便集中聯合國大會開議時間於美國各大媒體宣傳，在聯合國大會結束後，便配合十一月於西雅圖舉辦的亞太經濟合作（APEC）年會，進行第二波的宣傳，最後將宣傳的區域轉為歐洲及亞太地區，宣傳的時間從一九九三年五月開始到隔年九月為止（見表6-1）。

(二)專文

為擴大宣傳的效果，新聞局選擇聯合國大會開議時間前後與《紐約時報》社論版對頁刊登專文廣告，期望美國知識分子與意見領袖能夠發揮輿論的力量，支持台灣重返聯合國，專文廣告內容多由新聞局外籍顧問撰寫，或由學者專家撰文再經行政院新聞局資編處進行英譯的工作。

▼表6-1　協力車廣告媒體計畫表

刊登區域	媒體名稱	刊登規格	刊登日期	刊次	廣告內容
美國	紐約時報	黑白半頁	1993/5	2	協力車篇
美國	華府郵報	黑白半頁	1993/5	1	協力車篇
美國	紐約時報（東岸版）	1/4頁	1993/9/17,20,24	1	專文廣告
美國	紐約時報（全國版）	半頁	1993/9/22	1	協力車篇

▼（續）表6-1　協力車廣告媒體計畫表

刊登區域	媒體名稱	刊登規格	刊登日期	刊次	廣告內容
美國	華府郵報	半頁	1993/9/21,22,23	1	專文廣告
美國	洛杉磯時報（加州版）	半頁	1993/9/21	1	協力車篇
美國	華爾街日報	半頁	1993/9/21	1	協力車篇
美國	今日美國（中西部版）	半頁	1993/9/22	1	協力車篇
美國	新聞週刊（西岸版）	跨頁	1993/11/22	1	協力車篇
美國	時代雜誌（西岸版）	跨頁	1993/11/22	1	協力車篇
歐洲	時代雜誌	彩色跨頁	1993/6/28	1	協力車篇
歐洲	新聞週刊	彩色跨頁	1993/6/28	1	協力車篇
挪威	晚郵報（國內版）	半頁	1993/12/10,11	1	協力車篇
挪威	國際前鋒論壇報	半頁	1993/12/10,11	2	協力車篇
英國	經濟學人	跨頁	1993/10/31	1	協力車篇
美國	時代雜誌	彩色跨頁	1994/5	1	協力車篇
美國	新聞週刊	彩色跨頁	1994/5	1	協力車篇
美國	洛杉磯時報	黑白半頁	1994/5	2	協力車篇
美國	紐約時報	黑白半頁	1994/9/20,21	2	協力車篇
美國	華府郵報	黑白半頁	1994/9/20	1	協力車篇
美國	華爾街日報（東岸版）	黑白半頁	1994/9/20,21	2	協力車篇
歐洲	經濟學人	彩色跨頁	1994/5	1	協力車篇
德國	時代週報	彩色半頁	1994/5/20	1	協力車篇
荷蘭	電訊報	黑白半頁	1994/5/7	1	協力車篇
荷蘭	路特丹商報	黑白半頁	1994/5/7	1	協力車篇
亞洲	Asia Inc.	彩色8頁	1994/5	1	形象及協力車篇
亞洲	亞洲華爾街日報	彩色半頁	1994/3/22 1994/5/22	1	協力車篇
亞太地區	遠東經濟評論	彩色跨頁	1994/5	2	協力車篇
亞太地區	國際前鋒論壇報	黑白半頁	1994/3	1	協力車篇
亞太地區	國際前鋒論壇報	彩色半頁	1994/5	1	協力車篇
澳洲	澳洲人報	黑白半頁	1994/3/14	1	協力車篇
東南亞版	時代雜誌	彩色跨頁	1994/5	1	協力車篇
東南亞版	新聞週刊	彩色跨頁	1994/5	1	協力車篇
菲馬新印	讀者文摘	彩色跨頁	1994/5	1	協力車篇

資料來源：行政院新聞局（1994）《行政院新聞局八十三年度在國外媒體刊登參
　　　　　與聯合國廣告案執行內容》。

在一九九三年所刊登的專文廣告，標題為"Divided China in the United Nations: Time for Parallel Representation"（分裂的中國在聯合國：平行代表權的時機），內容主要是要求聯合國重視分裂國家之「平行代表權」之重要性，並舉德國與南北韓為例，證明平行代表權適用目前中華民國與中華人民共和國之現況。

二、一九九四年：「號誌燈」廣告

（一）廣告創意

一九九四年廣告，其思考方向還是延續一九九三年的主題，由於中國在國際間全力透過各種場合封鎖我國參與國際事務，一些重要的國際組織如「國際野生動物保育協會」或「世界銀行」等均排我於外，不論我方如何努力，都好像在交通號誌燈前遭遇紅燈而無法獲准通行。因此，行政院新聞局即以一幅亮有綠燈的交通號誌為主題，籲請國際組織開放對我國之禁令，容許我國在國際社會上扮演更積極的角色，該幅廣告為奧美廣告公司所設計（**圖6-2**）。

奧美廣告原先設計為「紅燈」，文案並以紅燈隱喻共產主義，後新聞局認為冷戰結束後共產主義已遭瓦解，年輕一代對共產主義亦無印象，因此文案重新由新聞局撰稿，並將紅燈變為綠燈，有台灣等待綠燈進入聯合國之意。

號誌燈廣告繼協力車廣告宣傳結束後繼續刊載，刊登的媒體主要為雜誌，刊登時間集中於一九九四年九月至十月間，刊登於美國的媒體包括《時代週刊》、《新聞週刊》、《富比士》、《財星》、《國家商業雜誌》、《基督教科學箴言報》及《商業週刊》，亞太地區則刊載於《遠東經濟評論》，歐洲地區則以報紙為主，有《法蘭克福廣訊報》、《金融時報》、《世界報》及《國際前鋒論壇報》

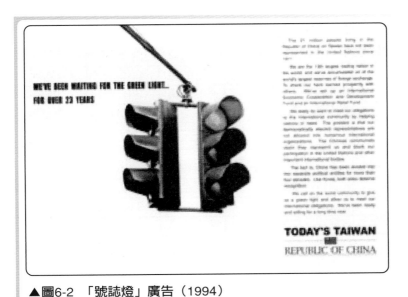

▲圖6-2 「號誌燈」廣告（1994）

（見表6-2）。

(二)專文

　　循一九九三年例，一九九四年新聞局亦於聯合國大會開議時間，在《紐約時報》社論版對頁刊登1/4頁專文廣告，文稿內容均由行政院新聞局外籍顧問撰寫，並以「紐約台灣同鄉聯誼會」之名義刊登，自八月十五日至九月十九日聯合國大會開議前夕陸續刊出。

　　第一則專文，刊登日期爲八月十五日，強調我國在亞太集體安全體系的重要性，「亞太集體安全體系」是前總統李登輝於一九九二年九月四日首次提出，由於我國在政治、經濟各方面之高度發展，已足以使我國肩負維護區域繁榮與安全性的責任，因此希望能成爲建立亞太安全體系的對話國❹。

▼表6-2　號誌燈廣告媒體計畫表

刊登國家	媒體名稱	刊登規格	刊登日期	刊次	廣告內容
美國	時代雜誌	彩色跨頁	9/12,19	2	號誌燈篇
美國	新聞週刊	彩色跨頁	9/12,19	2	號誌燈篇
美國	富比士（Forbes）	彩色跨頁	10/17	1	號誌燈篇
美國	財星（Fortune）	彩色一頁	9/18	1	號誌燈篇
美國	國家商業雜誌	彩色一頁	10月	1	院長專文
亞太地區	遠東經濟評論	彩色跨頁	9/15	1	號誌燈篇
美國	基督教科學箴言報	彩色全頁	9/20,21	2	號誌燈篇
英國	金融時報	彩色1/4頁	9/20,21	2	號誌燈篇
德國	法蘭克福廣訊報	彩色半頁	9/20	1	號誌燈篇
法國	世界報	彩色半頁	9/20	1	號誌燈篇
美國	商業週刊	彩色全頁	10/17	1	號誌燈篇
美國 歐洲	國際前鋒論壇報	黑白1/4頁	10/17	1	號誌燈篇

註：刊登年度均為一九九四年。
資料來源：行政院新聞局（1995）《行政院新聞局八十四年度七至十月份在國外媒體刊登參與聯合國廣告媒體計畫》。

　　第二則於八月二十二日登出，討論我國的務實外交政策，為了拓展對外關係，對抗中國在國際間對我之孤立，台灣以務實的方式拓展實質外交，包括運用各種不同名稱如CHINESE TAIPEI（中華台北），積極參與各項國際活動。

　　第三則於八月二十九日刊載，說明我國之大陸政策及兩岸關係，敘述「國家統一綱領」的三個階段，兩岸關係的發展與困難，呼籲中國拋棄「零和」，走向「雙贏」（From Zero-Sun to Win-Win），最後強調我國參與聯合國有助中國統一。

　　第四則於九月七日刊登，以我國參與國際組織為主題，闡述我國一向遵守各項國際協定，並已採取有效步驟以符合參與各國際組織要求，惟因中國之阻撓，使我國仍被阻擋於各國際組織之外，世

界各國應以實際的態度讓我國加入國際組織。

第五則專文則於第四十九屆聯合國大會開幕前夕（九月十九日）刊出，訴求支持台灣參與聯合國，闡述中華民國在台灣有二千一百萬人口，有健全的民主政治、龐大的外匯存底，就如《紐約時報》社論所提，「中華民國對東亞的政治、經濟及安全非常重要……應該被納入聯合國」，呼籲世界各國體認此一事實。

三、一九九五年：「聯合國五十週年」

(一)廣告創意

一九九五年適逢聯合國憲章簽署五十週年，新聞局因此利用此議題，進行全球造勢活動。其中以六月二十六日「聯合國憲章簽署五十週年紀念日」、九月間聯合國大會開議以及十月二十四日「聯合國日」為宣傳的主要時機，除了印製不同語言之專文文宣資料外，另由當時新聞局長胡志強赴國外以訪問、演講方式進行造勢，其中最值得一提的是胡局長於五月三十日在美國公共電視網新聞性節目「火線」中，與美國前國務卿季辛吉就我國加入聯合國、兩岸關係等進行一個多小時的對話，此為二十餘年來我政府高層官員首度與美國外交界人士在電視上進行公開辯論，該節目於六月份連續四周在全美近三百家公共電視台播出，並於十月間配合聯合國五十週年活動再度透過衛星傳送至全美公共電視台播映，發揮極大宣傳效果❺。

除此之外，並有行政院新聞局的駐外新聞單位透過邀訪、聯繫晤談、投書、提供資料、撰寫新聞稿及刊登廣告等各種方式全面傳播我國參與聯合國之意願與立場，以爭取國際間更多的支持與瞭解。

在廣告方面，為配合聯合國成立五十週年，廣告以一幅有聯合

國圖徽及阿拉伯數字50的拼圖為主，但拼圖獨缺一塊台灣而顯得不完整，藉以訴求聯合國因未將台灣納入而違背聯合國的「普遍性」原則，廣告標題為 "Celebrating the UN's 50th Anniversary? Don't Forget the Missing Piece!"，呼籲世界各國支持我國重返聯合國（圖6-3）。

一九四五年六月二十六日為聯合國憲章簽定紀念日，因此拼圖篇廣告便鎖定憲章簽訂日前後幾天刊登，刊登的區域集中美洲，刊播的平面媒體以報紙為主，包括《舊金山紀事報》、《舊金山檢查人報》、《洛杉磯時報》、《基督教科學箴言報》、《亞特蘭大憲政報》、《邁阿密前鋒報》、《新聞週刊》以及加拿大《麥克琳週刊》等，除此之外，日本、澳大利亞、瓜地馬拉也有刊登（見表6-3）。

▲圖6-3　聯合國五十週年「拼圖」廣告（1995）

▼表6-3　拼圖篇媒體計畫表

刊登區域	媒體名稱	刊登規格	刊登日期	刊次	廣告內容
美國	邁阿密先鋒報	黑白全頁	1994/12/5,6	1	拼圖篇
美國	基督教科學箴言報	彩色全頁	6/20,21,22,23,26	5	拼圖篇
美國	洛杉磯時報	半頁彩色	6/26	1	拼圖篇
美國	亞特蘭大新聞憲政報	1/4頁	6/25	1	拼圖篇
美國	舊金山紀事報 舊金山查人報	全頁	6/25,26,27	3	拼圖篇
美國	新聞週刊	4頁	7/3	1	專文及廣告
加拿大	麥克琳週報	彩色全頁	6/26	1	拼圖篇
瓜地馬拉	瓜地馬拉六大媒體	彩色半頁	6/26	6	拼圖篇
尼加拉瓜	新聞報	半頁	6/25	1	拼圖篇
尼加拉瓜	論壇報	半頁	6/25	1	拼圖篇
尼加拉瓜	街壘報	半頁	6/25	1	拼圖篇
日本	產經新聞	彩色半頁	6/24	1	拼圖篇
澳洲	澳洲人報	半頁	3月	1	拼圖篇

註：除第一則《邁阿密先鋒報》外，其餘刊登年度均為一九九五年。
資料來源：行政院新聞局（1996）《行政院新聞局八十五年度在國外媒體刊登
　　　　　參與聯合國廣告媒體計畫》。

(二)專文

　　專文廣告，於六月二十六日聯合國在舊金山慶祝憲章簽署五十週年之際，新聞局以中華民國聯合國同志會名義在《紐約時報》以及《華爾街日報》刊登，專文中指出，一九四五年六月二十六日中華民國與其他四十九個國家在舊金山簽署聯合國憲章，創建了致力於世界和平的國際組織，然而五十年後，聯合國創始會員國之一的中華民國卻不再為聯合國之一員，中華民國只是要求恢復在聯合國的代表權，希望國際社會考慮「平行代表權」問題，支持參與聯合國。

　　到了九月聯合國大會開議期間，更採密集方式於《紐約時報》

115

社論版對頁刊登專文廣告，從不同面向呼籲支持參與聯合國，九月八日專文廣告標題為 "Standing on Taiwan, Embracing the Asia-Pacific Region"（立足台灣，擁抱亞太地區），指出台灣經濟奇蹟值得將其經驗推展至亞太地區，亞太營運中心之計畫有助於提升亞太地區市場。隔一周，九月十五日，刊登標題為 "A Quiet Revolution"（寧靜革命）之專文，文中指出台灣四十年來的民主化過程，是平靜且穩定的，可說是中國未來的楷模。之後於九月二十二日，刊登標題為 "Standing up for What is Right: the ROC on Taiwan in the UN"（支持正確的事：讓中華民國台灣加入聯合國）專文，內容指我國參與聯合國並不在排擠中國，世人應瞭解台灣不是中國的一省，以及中國從未統治台灣的事實，認真考慮台灣在聯合國的地位。最後一則刊登時間為十月二十四日，專文標題為 "Taipei and Peking: Both Sides Win by Facing Reality"（台北和北京：面對現實獲得雙贏），內容提到中華民國政府持續推動兩岸交流，並於一九九一年頒布「國家統一綱領」，希望中國統一在民主、自由、均富的條件下，中國應尊重台灣的意願，達到兩岸雙贏的目的。

四、一九九六至一九九八年：中斷宣導

一九九五年李登輝總統訪美，原本和緩的兩岸關係產生變化，中國對台灣進行一連串文攻武嚇，在台灣海峽舉行二次軍事演習，試射飛彈威脅台灣，為了安撫中國，維持兩岸和平，當時外交部長章孝嚴表示，參與聯合國並非我政府首要工作，因而減緩宣導。

同時為配合副總統兼行政院長連戰所提出的推動亞太營運中心及提升國家競爭力，以及減緩辦理參與聯合國活動，因此歷年在《紐約時報》上刊登系列專文廣告的爭取參與聯合國的宣傳方式也有所改變，不再以參與聯合國為主要訴求，以我國參與國際經濟組

織、發展亞太營運中心以及兩岸關係為主題,刊登專文廣告。

一九九六年適逢台灣第一次民選總統,因此將宣傳焦點集中在「跳高篇」國家形象廣告上,一九九七年則是推出「台灣獼猴篇」國家形象廣告,除此還刊登兩則專文廣告,第一篇於八月二十九日刊出,以蘋果與橘子比喻香港與台灣的不同,中國不可能依照香港模式在台灣實行一國兩制政策。第二篇於九月九日刊出,內容是針對「精省」作說明,強調中華民國精簡組織是為台灣將來考慮,順應台灣民主化所需,與中國「台獨傾向」的污衊無關。

五、一九九九年「芭蕾舞鞋」廣告

一九九九年行政院新聞局擴大舉辦「參與聯合國」宣傳計畫,不同於過去只有平面廣告、專文的刊登,此次配合網站、舉辦徵文比賽以及刊登網路廣告等做法,進行多元宣傳工作,根據行政院新聞局國際新聞處一九九九年北美地區「參與聯合國」文宣計畫案,該年的宣傳計畫如下❻:

(一)編輯「台灣與國際組織」網站專刊

內容包括我國歷年推動參與聯合國之努力,我國參與國際組織之發展現況(以APEC、WHO、WTO為主),我國在海外推動農業、科技合作及提供開發基金之情形,我國參與國際組織之相關報導、文件及參考圖書資料等項。

(二)舉辦徵文比賽

徵求對中華民國參與國際組織之建言與感想,以英文撰稿,文長五百至一千字,錄取者將頒發獎狀並贈送獎品。活動期間計有四百八十七人投稿,並甄選出五十篇最佳作品公布於網站。

(三)專文廣告

在九月十日行政院新聞局以「台灣同鄉聯誼會」名義於《紐約時報》社論版對頁刊登專文廣告，廣告標題為 "Let the Voice of 22 Million People Be Heard"（請聽二千二百萬人的心聲）。

廣告內容指出中華民國在台灣實行的民主改革是中國歷史五千年的重大成就，各階層政府領導者從基層到總統都是透過民主程序選出，中華民國也樂於協助其他國家發展，此外亦允許台灣商人在中國投資。而中華民國也在平等與相互尊重的原則下，不斷推動兩岸務實會談，李登輝總統把台灣和中國的關係定位在「特殊的國與國關係」，反映出政治、法理及歷史的現實。可惜北京拒絕和睦共處，且一再妨礙中華民國與國際社會的互動。

專文最後指出，是該認可中華民國的成就，足夠資格充分參與國際組織的時候了。擁有主權、愛好和平的中華民國有資格加入聯合國；以世界第十五大貿易量、第十九大經濟體、接近一千億美元的第三大外匯存底，台灣顯然夠格加入世界貿易組織。台灣擁有正當的與法理的權利參與全球事務，如果繼續拒絕其平等的權利，就是侮辱普世的價值觀。

(四)刊登網際網路廣告

於《紐約時報》網站國際版網頁及YAHOO網站之政府與國際組織網頁中刊登徵文比賽訊息及「台灣與國際組織」網路專刊。

一九九九年文宣計畫案除專文廣告、平面廣告的刊登外，其餘項目均為首次辦理，像是網路廣告，雖然刊登的費用高於社論版對頁專文廣告刊登費用，但由於網站可提供的資訊量大，其傳播效果亦值得期待。

(五)平面廣告「芭蕾舞鞋篇」

　　平面廣告經由甄選，由長麗公司所製作的「芭蕾舞鞋篇」取得優勝，該幅廣告訴求仍是以台灣希望在國際社會上有發揮的空間作主軸。廣告引用莎士比亞說過的一句話 "All the world's a stage" 為概念，副標題寫著 " And great performers like the ROC on Taiwan, have a key role to play"，藉由這幅廣告來告訴世人：台灣就像廣告圖片中的芭蕾舞鞋那樣，已經準備好在國際舞台上大放異采，可是卻被冷落在角落，呼籲國際社會讓我國加入聯合國（**圖6-4**）。此廣告原定計畫於聯合國大會開議期間推出，但突遇九二一大地震，所有宣傳活動宣告停擺。

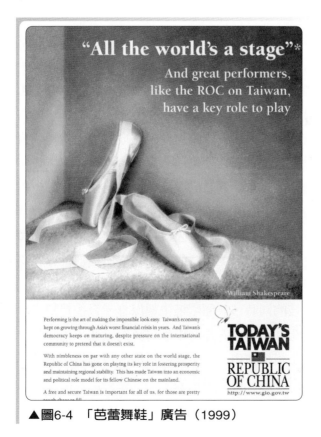

▲**圖6-4** 「**芭蕾舞鞋**」廣告（1999）

六、二〇〇〇年：專文廣告

在二〇〇〇年，台灣進行第二次總統、副總統選舉，民進黨候選人陳水扁、呂秀蓮當選，因此該年新聞局宣傳的焦點多集中在台灣民主政治的表現，推出了「接棒篇」、「就職篇」以及「綠色矽島篇」等三篇廣告，「參與聯合國」部分則未製作平面廣告，僅以台灣同鄉聯誼會名義，於九月一日的《紐約時報》社論版對頁刊登專文廣告，標題 "Taiwan: Ready for Closer Integration into the Global Community"（台灣：將與國際社會更緊密相連）。文章大意為，區域整合已是世界潮流，國際應接納台灣成為地球村一員，使其貢獻一己之力。

這篇專文指出，冷戰的結束、經濟的繁榮及科技的進步，將人類距離拉近，就如同日前在琉球召開八大工業國高峰會所強調的，全球化的趨勢肇始於民主政治、市場經濟、社會發展、永續成長及對人權的尊重，而這正是當今台灣最佳的寫照。

該文表示，台灣參與國際社會對達成八大工業國所追求更繁榮的二十一世紀目標具有正面意義，尤其台灣科技產業旺盛的生產力及因應經濟發展及市場需求的靈活彈性，已使台灣躍升為矽晶片及電腦零件的主要生產國，在資訊科技領域中扮演舉足輕重角色。

文中並指出，當國際社會因科技進步而拉近距離的同時，國家主權的概念已日漸模糊，地球的永續發展已成為世界各國的共同責任，中華民國的新政府之所以倡議使台灣成為「綠色矽島」，就是希望在發展科技的同時，兼顧環境生態保育。最後提到，台灣人民瞭解二十一世紀國際整合的趨勢中所肩負的責任，也隨時準備好參與包括世界衛生組織在內的許多國際組織，為維護經濟秩序、救濟疾苦及災難貢獻心力。專文最後表示，「台灣已伸出友誼之手，國際

社會應與其攜手合作，為下一個世紀開創更美好的願景」。

七、二〇〇一年：「等待綠燈篇」

在二〇〇一年的「參與聯合國」計畫，則是延續一九九四年的「號誌燈」篇的概念推出一系列以「台灣加入聯合國——等待綠燈中」（Taiwan into the U.N.- Waiting for the GREEN light）為主題的戶外廣告，希望向各國駐聯合國代表團及美國民眾，傳遞台灣人民企盼聯合國敞開大門的心聲。

這一系列廣告以"Still waiting for the GREEN light..."（持續等待綠燈中……）為標題，突顯台灣已準備好參與國際社會，卻被聯合國摒拒於門外的情境。廣告中強調，在台灣的中華民國曾為聯合國創始會員國，如今卻為這個致力會籍普遍化的世界體排除在外。相較於聯合國所屬一百八十九個會員國，台灣兩千三百萬人民已經創造出世界第十七大經濟體，並為亞洲最活躍的民主國家，台灣若能參與聯合國，將可為世界和平與繁榮做出更大貢獻。

這一系列的戶外廣告從九月一日起於巴士候車亭看板、電話亭廣告以及聯合國大廈停車場等二十餘處刊登，分布在聯合國附近及曼哈頓中、下城鬧區。而從九月十一日開始，配合聯合國總務委員會討論有關台灣議題，推出「台灣加入聯合國——等待綠燈中」標語，連續十天由大型廣告車承載廣告標語在曼哈頓各主要街道行駛，另外將以飛機拖曳「聯合國支持台灣」（UN for Taiwan）大型文字空中廣告看板，在東河上空盤旋飛行，與聯合國大樓遙遙相望，藉由周邊的活動炒熱台灣加入聯合國議題。

除了街頭戶外廣告外，紐約中華新聞文化中心並邀集駐聯合國記者協會成員與台北經濟文化辦事處處長夏立言晤聚，積極爭取國際媒體支持，呼籲國際社會正視台灣兩千三百萬人民參與聯合國的

基本權益。

　　當時新聞局駐紐約新聞處主任易榮宗表示，面對中國堅持其狹隘的主權觀念，強力封殺台灣參與國際社會，中華民國加入聯合國的路途將是漫長而艱辛的，此次戶外廣告的推出，希望以推陳出新的傳播方式，讓各界正視台灣所處的特殊國際環境，以及所受的不公平待遇❼。

八、二○○二年：「一人一信」

　　二○○二年元月，台灣已順利成為WTO會員國，政府的下一個目標便是朝加入世界衛生組織（WHO）努力，並將加入聯合國視為最終程的目標。為傳達我國欲加入世界衛生組織的理念，行政院新聞局委請長麗公司製作「參與WHO篇」國家形象廣告。至於「參與聯合國」宣傳計畫則是由外交部發起「一人一信」活動，鼓勵台灣人民致函當時聯合國秘書長安南（Kofi A. Annan）及各會員國元首，表達國人加入聯合國的強烈意願，並重視我國長久以來遭遇的不平等待遇。

九、二○○三年：「搭上聯合國列車」

　　台灣二○○三年推動參與聯合國活動，係以「搭上聯合國列車」為主題，除聯合國附近公車候車亭平面廣告外，也於九月十七日在《紐約時報》社論版刊出"Say Yes to Taiwan"專文廣告。該年並將文宣觸角觸及電子媒體，在廣播新聞台、美國廣播公司所屬WABC新聞台，分別播出廣告。

(一)廣告創意

　　二○○三年以「搭上聯合國列車」（Let Taiwan Board the UN）為宣傳主軸，廣告搭配紐約地鐵票圖樣，於票面上陳述台灣應該被聯合國接納的三大理由，包括台灣是國際社會繁榮和平的貢獻者、負責任的全球公民、擁有二千三百萬人民的民主成熟國家等，說明台灣已具備搭乘聯合國列車的各項條件及準備，期盼國際社會伸手接納，這幅廣告於聯合國大會期間在聯合國大樓前巴士候車亭刊出（圖6-5與圖6-6）。

▲圖6-5　「地鐵車票」廣告（2003）

▲圖6-6　公車亭的「台灣加入聯合國」廣告（2003）

資料來源：《自由時報》二○○三年九月六日第一版

(二)專文

　　爲爭取美國主流媒體讀者支持，新聞局在九月十二日於《紐約時報》社論版對頁刊出四分之一頁專文廣告。專文廣告標題爲"Say Yes to Taiwan"，除延續「地鐵票篇」廣告的設計理念及意涵，更進一步指陳二○○三年初在台灣爆發的嚴重急性呼吸道症候群（SARS）疫情，突顯疾病不分國界，因此不應將台灣排除在包括世界衛生組織的聯合國體系之外，而拒絕一個經濟活躍、致力實踐聯合國憲章並促進世界和平穩定的國家，國際社會應聆聽力爭生存權及民主發展的台灣二千三百萬人民的心聲。

(三)廣播媒體

　　除了車亭廣告與報紙刊登專文廣告外，新聞局首度以台灣參與聯合國爲主題於廣播媒體刊播廣播廣告，期間自九月十一日起至二十二日止，時段是週一至週五上、下班尖峰時段，在全美收聽最廣的1010WINS新聞台及美國廣播公司所屬WABC新聞台推出六十秒鐘廣播廣告，收聽範圍遍及紐約州、新澤西州及康乃迪克州，主要目標是針對習慣收聽廣播新聞的大紐約地區民眾，及喜好高水準廣播談話節目的知識分子等二大社會階層。

　　這段廣播廣告共分「台灣之聲篇」及「火車篇」二種內容，前者以戲劇性的開場，對台灣二千三百萬人民的聲音被隔絕、無法在聯合國發聲的不公待遇提出質疑。「火車篇」則陳述聯合國有賴世界各國共同參與維護和平、人權、生態環境，並對抗恐怖主義及傳染疾病，不應拒絕台灣搭乘聯合國列車❽。

▼表6-4 一九九三至二○○三年於《紐約時報》刊登參與聯合國專文廣告

年度	刊登日期	標 題	大意
1993	9月17日 9月20日 9月24日	Divided China in the United Nations: Time for Parallel Representation	要求聯合國重視分裂國家之「平行代表權」之重要性，並舉德國與南北韓為例，證明平行代表權益適用目前台灣與中國之現況。
1994	8月15日	A Partner in Keeping the Peace	台灣對亞太地區扮演舉足輕重之角色，應檢討讓台灣參與亞太地區安全與合作之組織。
	8月22日	It's Time to be Pragmatic	闡述我國為了突破中國在國際空間對我之孤立，以彈性、務實的方式拓展實質外交。
	8月29日	United We Stand	冷戰已經結束，但兩岸仍然分治，儘管中國聲稱對台灣擁有主權，實際上未曾統治過台灣，我國相信中國會在民主均富的情況下統一，讓兩岸參與國際事務有助於互動和統一。
	9月7日	An International Player	講述我國因非國際組織之會員國，因而在許多場合無法維護我國的利益，也無法貢獻國際社會，是國際的不幸。
	9月19日	Time for a Reality Check	台灣民主化已促使民眾要求檢討我國應參與聯合國，呼籲《紐約時報》社論，台灣在亞太地區政經安全問題上不容忽視，是應該讓台灣參與聯合國的時候了。
1995	6月26日	Happy 50th Anniversary! United Nations	慶祝聯合國創立五十週年，創始會員國之一的中華民國要求國際社會考慮「平行代表權」問題，支持參與聯合國。
	9月8日	Standing on Taiwan, Embracing the Asia-Pacific Region	台灣經濟奇蹟值得將其經驗推展至亞太地區，亞太營運中心之計畫有助於提升亞太地區市場。

▼（續）表6-4　一九九三至二○○三年於《紐約時報》刊登參與聯合國專文廣告

年度	刊登日期	標　題	大意
1995	9月15日	A Quiet Revolution	台灣四十年來的民主化過程，平靜而穩定，是中國未來的楷模。
	9月22日	Standing up for What is Right: the ROC on Taiwan in the UN	我國參與聯合國並不在排擠中國，世人應瞭解台灣不是中國的一省，以及中國從未統治台灣的事實，認真考慮台灣在聯合國的地位。
	10月24日	Taipei and Peking: Both Sides Win by Facing Reality	台灣持續推動兩岸交流，希望中國統一在民主、自由、均富的條件下，中國應尊重台灣的意願，達到兩岸雙贏的目的。
1996	9月14日	Democratization Promotes Peace and Regional Stability	總統大選象徵台灣的民主化，呼籲中共面對從未統治過台灣的事實，承認兩岸分治的現況，尊重我國參與國際組織的權利，談統一才能有具體結果。
	9月15日	The Unflappable Republic of China	介紹台灣藉由穩定的經濟基礎與民主發展，來提升國家競爭力，建設台灣成為亞太營運中心。
	9月23日	International Community Has Yet to Admit Republic of China to its Councils	我國參與國際社會之目的，是希望擴大國際組織力量，而不是排擠其他國際組織會員，兩岸如能同時成為國際組織的一員，將使兩岸增加互動互信，促進統一。
1997	8月29日	Taiwan and Hong Kong: The Apples and Oranges of Chinese Reunification	以英語成語所謂的蘋果與橘子比喻，闡明台灣與香港本質不同，一國兩制雖在香港實施，但對於台灣則是風馬牛不相及的問題。
	9月9日	Taiwan: Leaner and More Competitive than Ever	中華民國精簡組織是為台灣將來考慮，順應台灣民主化所需，不應顧慮中國「台獨傾向」的污蔑。

▼（續）表6-4 一九九三至二○○三年於《紐約時報》刊登參與聯合國
　　專文廣告

年度	刊登日期	標題	大意
1998	9月4日	It's Time to Start Saying "Yes" to Taiwan	指出中國阻撓台灣參與聯合國之事實，闡明民主、市場經濟、尊重人權及法治是二十一世紀建立國際社會秩序之基礎，呼籲國際社會勿將符合這些條件的台灣排除在外。
1999	9月10日	Let the Voice of 22 Million People Be Heard	指出中華民國在台灣實行的民主改革是中國歷史五千年的重大成就，而李總統把台灣和大陸的關係定位在「特殊的國與國關係」，反映出政治、法理及歷史的現實。然北京卻妨礙中華民國與國際社會的互動。專文最後指出，是該讓中華民國加入聯合國了，如果繼續拒絕其平等的權利，就是侮辱世人所珍視的寶貴價值觀。
2000	9月1日	Taiwan: Ready for Closer Integration into the Global Community	指出冷戰的結束、經濟的繁榮及科技的進步，將人類距離拉近，而全球化的趨勢肇始於民主政治、市場經濟、社會發展、永續成長及對人權的尊重，而這正是當今台灣最佳的寫照。台灣人民瞭解二十一世紀國際整合的趨勢中所肩負的責任，也準備好參與包括世界衛生組織在內的許多國際組織，為維護經濟秩序、救濟疾苦及災難貢獻心力。
2003	9月17日	Say Yes To Taiwan	指陳二○○三年初在台灣爆發的SARS疫情，突顯疾病不分國界，因此不應將台灣排除在包括世界衛生組織的聯合國體系之外；而拒絕一個經濟活躍、致力實踐聯合國憲章並促進世界和平穩定的國家，也不合理，國際社會應聆聽力爭生存權及民主發展的台灣二千三百萬人民的心聲。

資料來源：整理自行政院新聞局（2000）《本局民國八十三年於「紐約時報」社
　　　　　論版對頁刊登系列聯案專文廣告案一覽表》，行政院新聞局（1999）
　　　　　《歷年於紐約時報刊登參與聯合國專文廣告之情形》，以及歷年專文
　　　　　廣告。

註：二○○四年沒有使用專文廣告。

十、二○○四年："UNFAIR"系列廣告

二○○四年係台灣第十二度申請加入聯合國，其訴求主題改為較以往強硬的「停止政治隔離」。外交部表示，希望聯合國能夠依其會籍普遍化原則，停止對台灣二千三百萬人民的「政治隔離」，台灣若能參與聯合國，對國際關注的台海緊張情勢也有正面意義。

由友邦馬紹爾等十五國駐聯合國大使的聯名提案，於八月十日送抵聯合國秘書處。提案以「台灣二千三百萬人民在聯合國的代表權問題」為主題，要求聯合國確認台灣人民在聯合國及其相關機構的代表權，並採取適當措施。

由於訴求主題的轉變，配合文宣工作的新聞局在二○○四年廣告也採取和往年截然不同的做法，以強硬、直接的硬銷（hard-selling）替代往年柔軟、迂迴的軟銷（soft-selling）。新聞局國際處原送呈三篇報紙稿，後擇定兩張使用，廣告由長麗公司製作。

第一則是「UNFAIR篇」，訴求聯合國將台灣排除在外是「不公平」，標題就是大字的"UNFAIR"，副標題是"Is Taiwan's exclusion from the UN FAIR？"（台灣被排除聯合國之外，公平嗎？），將聯合國的UN與公平（Fair）合在一起，變成「不公平」，創意頗見巧思，文案引自人權憲章第一章，強調「人人生而自由，且享有平等的尊嚴與權利……」，並表示「聯合國是世界大家庭，將台灣二千三百萬人排除在外是不公義行為」。口號是"Support Taiwan's Participation in the UN"（支持台灣參與聯合國），LOGO是"Today's Taiwan，R.O.C."，以往都是使用中華民國英譯全名，該年只用縮寫（圖6-7）。

第二則是「威權中國，民主台灣」篇，以紅綠對比色，標題是"Authoritarian China ≠ Democratic Taiwan"（威權中國不能代表民

主台灣），文案是 "China claims to represent Taiwan at the United States. But does it have that right? Taiwan's 23 million people deserve their own voice."（中國宣稱在聯合國代替台灣，它怎有此權利？台灣二千三百萬人需要有自己的聲音）（**圖6-8**）。

特別值得一提的是這兩張報紙稿並非在台北或紐約公布，而是由當時行政院新聞局長林佳龍，隨行政院長游錫堃訪問中南美洲時在尼加拉瓜公布，除了二篇報紙稿外，該年尚有另一創舉，就是將報紙稿的內容變成動畫影片，每幅廣告製作約十秒廣告片，三支合計三十秒，這支廣告原計劃在聯合國大會期間，於紐約市時代廣場LED大螢幕播出，後因時代廣場不接受政治議題廣告而作罷。

除使用媒體廣告外，該年文宣尚有一創舉，九月十五日陳水扁總統經由視訊會議方式，與聯合國記者協會（UNCA）各國記者舉行會議，此項宣導活動國際媒體報導有四十三篇次。

二○○四年加入聯合國廣告，較往年更為積極，主張也更為清晰，可惜由於國內輿論無法形成共識，仍只能用「參與」（participation）而不敢明確使用「加入」。

十一、二○○五年："UNHappy Birthday" 廣告

二○○五年「參與聯合國」案廣告，新聞局循例對外招標，計有太乙、志上、王象三家公司參與競圖。

該年適逢聯合國成立六十週年，志上公司以祝賀聯合國六十歲生日為主題中選，但評審委員認為此稿雖具時宜性（timeliness），但缺乏衝擊性（impact），經討論將原先提案標題 "Congratulation, United Nations, Happy 60th Birthday" 改為 "UNHappy Birthday"。畫面也從原先彩色、歡愉的蛋糕改為黑白、有點悲傷的氣氛。

以 "UNHappy Birthday" 為主題。一方面延續二○○四年

▲圖6-7 "UNFAIR" 廣告（2004）

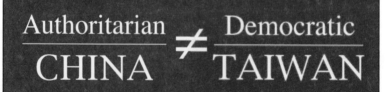

▲圖6-8 「威權中國不能代表民主台灣」廣告（2004）

▲圖6-9　公車亭的「台灣加入
聯合國」廣告

資料來源：《自由時報》2004年8
月23日第三版。

▲圖6-10　"UNHappy Birthday"
直式廣告（2005）

▲圖6-11　"UNHappy Birthday" 橫式廣告（2005）

"UNFair"風格，另方面搭配副標題"Can a family be happy without one member missing?"（家庭成員缺少一人怎能高興起來？）也表達了台灣的不滿（參見**圖**6-10與**圖**6-11）。

第三節　「參與」聯合國廣告的思考

國際文宣的執行係由戰略指導戰術，回顧自一九九三年起的台灣「參與」聯合國文宣，可提出下列的檢討與建議：

一、要有明確主張

「台灣到底要什麼？」，必須有明確的主張，目前提出的「參與」是國內不同意識形態政黨之間妥協的結果，什麼叫「參與」？是當正式會員或觀察員？是不要有會員資格，只要參與活動？或只要捐錢，而「不記名分」？「參與」是不負責任的訴求，聯合國也沒辦法處理。除了「參與」，剩下的就是「重返」或「加入」，「重返」乃不可能，聯合國一九七一年之第二七五八號決議，已經否決中華民國國際人格，把中華民國駐聯合國大使視為蔣介石代表予以驅逐，並將中國席次歸還給中華人民共和國，因此以「中華民國」之名「重返」聯合國，既不可能也無意義。

以新會員國名義「加入」的方法，是最具可行性的辦法，但必須凝聚國內意識，形成一致對外的主張。

二、應訴求「國家主體性」與「會籍普遍性」原則

文宣應訴求「國家主體性」，有了國家主體性方能要求聯合國依

「會籍普遍性」原則接納台灣。

因此九○年代初期參與聯合國三項原則與認知──即不排除中國統一、不挑戰中國在聯合國既有之地位、兩岸對等參與聯合國或平行共存於國際社會，對將來的中國統一有積極的作用。其中第一項與第三項不但不能作為文宣指導原則，更應該揚棄，對這二項原則，國際社會易形成錯誤認知──「台灣既然要和中國統一，中國已能代表台灣，為什麼台灣還要取得會員資格？」。

三、廣告應使用「硬銷」

台灣加入聯合國是理性議題，理性議題使用感性訴求，容易形成周邊途徑的思考，反而容易模糊焦點。

早期的「協力車篇」（1993）、「號誌燈篇」（1994）、「拼圖篇」（1995），至一九九九年「芭蕾舞鞋篇」都是以感性訴求，台灣像小媳婦般乞憐國際社會的施捨。這種低調、軟性、乞憐的廣告應修正為理直氣壯的訴求，像二○○四年的「停止政治隔離」的「UNFAIR篇」就是很不錯的呈現。不但要使用「硬銷」，更應該使用長文案，長文案除了可以「講清楚、說明白」外，更可以突顯議題的重要性。

四、廣告調性應一致

加入聯合國是每年例行之國際宣傳，應累積持續的印象，因此廣告保持固定的調性有其必要。但由於新聞局採取委外招標，因此每年中選廠商未必一樣，其廣告呈現調性也不一致，這是必須思考改進的。

註釋

❶第二七五八號決議案文如下：回顧聯合國憲章的原則，大會認為，恢復中華人民共和國的合法權利，對於維護聯合國憲章和聯合國組織根據憲章所從事的工作均為必須，承認中華人民共和國政府的代表是中國在聯合國組織的唯一合法代表，中華人民共和國是安全理事會五個常任理事國之一，決議：恢復中華人民共和國的一切權利，承認其政府的代表為中國在聯合國組織的唯一合法代表，並立即把蔣介石的代表從聯合國組織及所屬一切機構中所非法占據的席位上驅逐出去。

❷參考自行政院（1994）。行政院有關機關對監察院八十三年工作檢討會議外交委員會專案調查報告之檢討意見辦理情形，以及行政院新聞局（1993）「推動參與聯合國工作國內外宣傳」第一次會議記錄摘要。

❸參考自外交部文件「關於甘比亞等十二友邦代表向九十一年聯合國大會第五十七屆常會提案支持我參與聯合國事」，第二七五八號決議文雖使中華人民共和國獲得了在聯合國的席位，但該決議沒有解決台灣在聯合國的代表權問題，且該決議後來被誤用為將台灣排除在外的理由。

❹該文並參考《紐約時報》一九九四年四月四日的社論專文標題 "Get Ready for ARF"。由於第一次東協區域論壇九十四年於曼谷舉行，討論亞洲太平洋地區當前安全和政治合作，我國並未受邀，David Unger 的專文社論中呼籲應把我國包含在內。

❺資料來源：行政院新聞局（1995）《行政院新聞局配合「聯合國五十週年」辦理我「參與聯合國」文宣專案成果及國外媒體報導研析報告》。

❻資料來源：行政院新聞局（1999）。《1999年北美地區「參與聯合國」文宣計畫案》。

❼參考自自由電子新聞網（2001年9月2日）「台灣推動加入聯合國　紐約街頭宣傳」，http://www.libertytimes.com.tw/ 2001/new/sep/2/today-p8.htm。

❽anet新聞頻道（2003年9月11日），「推動參與聯合國文宣廣告在紐約多方出擊」，上網日期：２００３年１０月２３日，網址：http://www.anet.net.tw/news/200309120065.htm。

第七章

二〇〇四年奧運廣告

　　二○○四年雅典奧運，行政院新聞局事先準備了豐富的文宣，有雜誌廣告、交通廣告、在BBC播出電視廣告，以及系列文宣用品，如運動帽、T恤、加油棒、臉上彩繪貼紙等。可惜執行卻受到無理與無禮的杯葛，交通廣告（機場附近巨型看板、機場手推車廣告、公車廣告）上架後，即被雅典奧運籌委會以「廣告內容不符奧運主題」為由遭到撤除。

　　一九八一年與國際奧會在瑞士洛桑簽訂屈辱的「奧會模式」，中華民國失掉了國名、國旗與國歌，再也沒有完整的國際人格。

第一節　企劃緣起

一、廣告規格

　　「奧林匹克運動會暨殘障奧林匹克運動會」（The Athens 2004 Olympic and Paralympic Games）是全球四年一度之體壇盛會，於八月十三日至二十九日在雅典舉行。我國有射擊等十四項運動、二十三項比賽、八十八位選手取得參賽資格。行政院新聞局加強新聞文宣工作，向國際間傳播台灣作為一個盡職的國際奧林匹克委員會成員，願意忠實履行義務，發揚奧會精神，並藉此突顯台灣之完整國際人格，因此委請廣告公司設計文宣，以進行國際傳播。

　　此次國際宣導案訴求重點如下：

　　1.廣告主軸：台灣與世界各國共同積極參與並發揚奧林匹克和

平競爭的運動家精神。

2.廣告訴求內涵：宣揚我國同為「雅典奧運」的參與國之一，用以彰顯台灣與世界各國都具有同樣的國際人格，理應有平等的國際地位。台灣致力發揚奧運精神的熱情，以及追求突破體能極限的堅持始終如一，和奧會其他成員國一樣。

在訴求目標下，新聞局使用了四種媒體組合策略：

1.雜誌廣告：刊登《時代雜誌》歐洲版（*Time Europe*）廣告二則。一則刊登於八月三十日奧運特刊第三檔奧運報導（special issue）內頁；另一則刊登於九月六日奧運特刊第四檔奧運報導（wrap-up）內頁。

2.交通廣告：

　(1)雅典市區無軌電車車體廣告五十輛。

　(2)雅典國際機場行李推車廣告五百部。

　(3)雅典國際機場至市區快速道路旁巨型看板（T-bar）兩面。

　(4)上述交通廣告刊登日期均自八月十日至九月十日，為期一個月。

3.系列文宣用品：

　(1)運動帽。

　(2)運動衫（T恤）。

　(3)臉上彩繪貼紙。

　(4)加油棒。

　(5)加油布條（以一公尺見方之單張看板串連而成，於觀眾台使用）。

4.電視廣告：製作三十秒短片，於BBC播映。

上述媒體組合，採分項採購，第一種至第三種為一項，第四種

為另一項。

二、評選與修改

　　雜誌廣告、交通廣告、系列文宣用品計有四家廠商參與投標。為鼓勵參與，新聞局尚備有比稿費，凡總平均分數居前二、三名，且分數在八十分以上者，可得八萬元與五萬元之比稿費。

　　評審項目及配分如下：

1.廣告及系列文宣用品圖樣設計（60分）：
　(1)創意（40分）。
　(2)訴求重點及符合程度（20分）。
2.配合執行能力（20分）。
3.報價之完整性及合理性（20分，需詳報所需項目、單價、數量、稅金及總價；報價逾採購預算新台幣七十萬元者，視為無效標）。

　　參與投標廠商為智圓行方廣告公司、長榮國際公司、左右設計公司、志上廣告公司。經比稿結果，長榮國際公司得標。志上廣告雖未得標，但其設計之口號Olymbingo（「乎你賓果」，取自Olympic諧音）好記、有趣、富動感，因此新聞局另行採用製作成國內宣傳廣告片。

　　新聞局國際處處理此次標案極為慎重，除由副局長李雪津擔任評審會主持人外，還邀請三名外聘委員：國立政治大學廣告系鄭自隆教授、台灣智庫陳詩寧主任、台灣智庫賴怡忠主任，以及外交部代表劉嘉甯參事、中華奧會代表、行政院體委會代表，與局內委員國際處李南陽處長、局長室黃瓊雅秘書等八人組成評審委員會。

　　長榮國際公司得標後經數次會議修改才定案，在修改的過程

中，創意是其次，主要是避免碰撞國際奧會的規定。根據「奧會模式」，我國的隊名是「中華台北」、旗是梅花五環旗、會徽也是，歌是國旗歌，我國與國際奧會協議，上述奧會模式，「其效力及於與該賽會有關的比賽、訓練及會議、典禮等活動場地、選手村，其他大會人員、貴賓住宿場所以及大會文件、手冊、資料和廣播」。但奧會模式「原則上，其效力不及於前述比賽場地以外的地方，例如觀眾席與觀眾本身」。

所謂「奧會模式」，係因一九七一年中國繼承我國在聯合國席次，台日（一九七二年）、台美（一九七九年）斷交後，我國奧會及大部分國家運動協會在國際與亞洲的會籍均相繼被中止，直至一九八一年，我國與國際奧會方在瑞士洛桑簽訂內容如上之協議，謂之「奧會模式」。

電視廣告部分另行招標，規格為三十秒，以三十五釐米影片攝製，製作金額上限為一百五十萬元，計有漢笙公司、太乙廣告公司、飛奕影藝公司、芳舟傳播公司、青蘋果公司、合金廣告公司、雲集影像公司、經略企管公司等八家公司參與比案，比案結果由太乙公司得標。

第二節　文宣創意與表現

長榮國際公司的創意係以兩個LOGO為主軸而展開。這兩個LOGO分屬長榮提出的A、B兩案，原應挑選一個，但因評審委員各有堅持而雙雙保留。

一個LOGO的設計理念是「哪吒」（**圖7-1**），這是相對於此次雅典奧運吉祥物太陽神阿波羅與智慧女神雅典娜土偶造型而引發的創意——台灣的選手是腳踏風火輪的哪吒。另一個LOGO是 "To the

▲圖7-1　奧運廣告LOGO-1（2004）

▲圖7-2　奧運廣告LOGO-2（2004）

Top"（圖7-2）。"To the Top"有追求卓越、突破極限的意涵。這句Slogan不僅在奧運比賽場上，有激勵選手挑戰體能極限、追求最高榮譽的作用；也間接傳遞出台灣目前處在這無比艱辛的國際環境中，仍力求突破國際視聽對台灣既有認知的極限，努力追求國家的尊嚴及平等的國際地位。

在雙LOGO的架構下，所發展出的廣告有：

一、雜誌廣告

　　畫面呈現起跑前選手就定位動作，標題是Taiwan, On the Starting Line!（台灣在起跑線上），副標題為 Ready, Set, Go! 第一個代表台灣的選手，臂上印拓針對這次活動發展出來的Symbol，畫面中的這個Ready動作充滿了爆發力，不僅代表中華代表隊已做好準備，參與此次的雅典奧運盛會，也意涵台灣在參與許多國際組織方面，如聯合國、WHO世界衛生組織等，其實也早已做好Ready的動作，需要的只是國際社會對台灣國家主權的一個重新認識、一個公平的對待，就好像奧運參賽選手般，擁有一條公平的起跑線（圖7-3）！

▲圖7-3　奧運雜誌廣告（2004）

廣告文案是簡單的四行字：

Taiwan is ready to go the distance.

From sustainable development to global peace,

We must work together to achieve our common goals.

The world needs Taiwan on its team.

二、交通廣告

在相關交通工具方面所刊登的廣告有：

1.機場行李推車廣告（圖7-4）。
2.機場外巨型看板廣告（圖7-5）。
3.電車車體廣告（圖7-6）。

三、系列文宣用品

一系列的廣告文宣用品包括：

1.運動帽（圖7-7）。
2.T恤（圖7-8）。
3.臉上彩繪貼紙（圖7-9）。
4.加油棒（圖7-10）。
5.加油布條（圖7-11）。

四、電視廣告

三十秒廣告以台灣最有希望得魁的棒球為主軸，由早期紅葉少棒的黑白畫面帶入，逐漸轉為彩色。並帶入歷屆奧運台灣選手表現

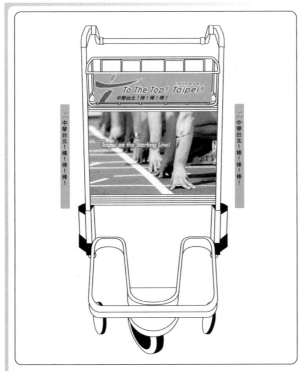

▲圖7-4　奧運機場行李推車廣告（2004）

▲圖7-5　奧運機場外巨型看板廣告（2004）

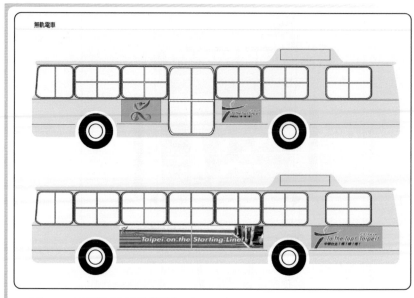

▲圖7-6　奧運電車車體廣告（2004）

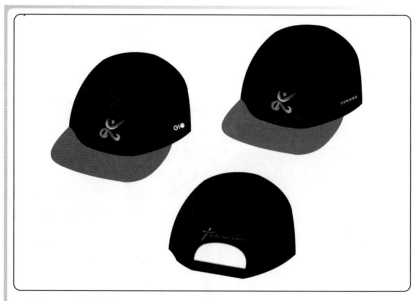

▲圖7-7　運動帽

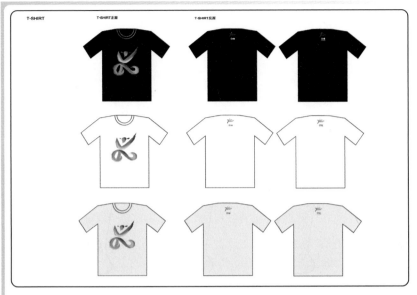

▲圖7-8　T恤（2004）

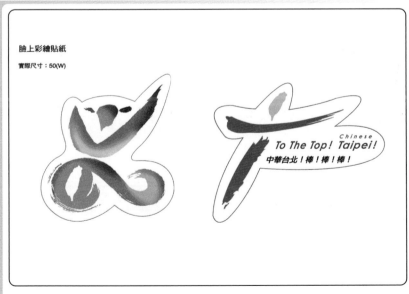

▲圖7-9　臉上彩繪貼紙（2004）

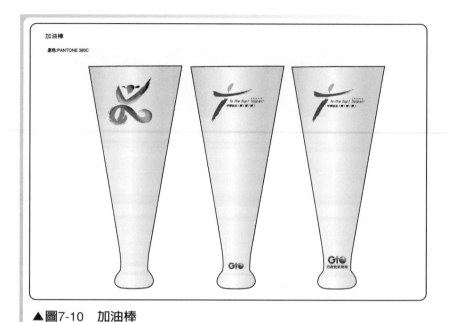

▲圖7-10　加油棒

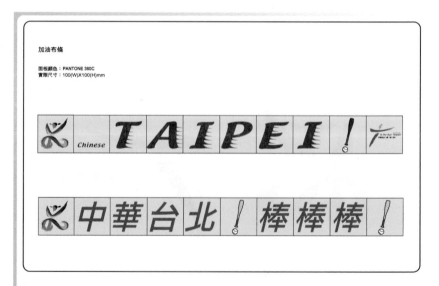

▲圖7-11　加油布條（2004）

的鏡頭，再切入鯨魚畫面輔以台灣地理位置說明字幕，最後以「中華台北，奧運家族成員」（Chinese Taipei, a member of the Olympic Family）作爲結束。全片背景音樂爲原住民歌聲。此片有英語、國語兩種版本，英語版本在BBC播出，國語版本在國內播出。

第三節　執行與面對之困擾

我國交通廣告上架後，即被雅典奧運籌委會以「廣告內容不符奧運主題」爲由遭到撤除。新聞局於八月七日立即發函籌委會主席Daskalaski表達我方立場和態度，但籌委會仍維持原議。

新聞局委託設計物包含機場附近巨型看板、機場手推車廣告、公車廣告、刺青貼紙、加油棒、觀衆席加油看板、加油觀衆帽子與運動衫。這些設計物，廣告部分均不會出現在運動場地，加油用物品也僅出現在觀衆席，原則上均與所謂的「奧會模式」無涉，可以大方地使用「台灣」而不必使用「中華台北」，但爲避免紛擾，新聞局都小心翼翼用了「中華台北」，沒想到還受到無理的杯葛。

雅典奧運籌委會將我國的機場手推車、公車及巨型看板廣告撤除，理由是「廣告內容不符合奧運主題」，這三項廣告物，畫面均是一排選手跪蹲在起跑線上，只有手部特寫沒有選手臉孔，訊息集中，觀看時不會因選手臉部表情而受干擾，照片選用適當，標題是"Chinese Taipei on the Starting Line !"（中華台北在起跑線上），文字中性，另一個標題是"To the Top ! Chinese Taipei"（中華台北邁向顛峰），亦是一般的加油語，何來不符奧運主題！

這次雅典奧運廣告被撤，據推測可能兩個原因：一是中國廣告未通過審查（中國廣告以二○○八年北京奧運爲訴求，雅典籌委會認爲不妥），所以拉台灣「陪葬」向中國示好。另一個原因可能是台

灣名稱問題，中國一再向國際奧會施壓，試圖以「中國台北」（China Taipei）取代「中華台北」。

事實上，我國並非沒有機會使用「台灣」名稱，早在一九五二年第十五屆在芬蘭赫爾辛基舉辦的奧運，其中籃球賽就要求我國以「台灣」名義參賽，但代表團受政府指令，本「漢賊不兩立」原則退出比賽。一九五四年國際奧會在希臘雅典召開第四十九屆年會，會中投票通過承認兩個中國奧會；一九五九年在德國慕尼黑召開的第五十五屆年會，會中再決議「會址設在台灣台北的中國奧林匹克委員會，因該會未能控制全中國的體育運動，故不能以『中國奧會』名稱接受承認，其原來名稱將從國際奧會承認之國家奧會名單中剔除，但倘若該奧會願以另一名稱申請承認，國際奧會將另予考慮」。我國奧會於是將會名改成「中華民國奧林匹克委員會」重新申請，未獲同意。一九六〇年再申請，國際奧會認為我國有效控制地區僅及台澎金馬，建議我方使用「台灣」或「福爾摩沙」，但當時政府不同意，我國會籍名稱因此懸而未決。

一九六三年東京奧運，因日本奧會不用「中華民國」而用「台灣」稱呼我國，當時學生在政府運作下還發起了「反日五不運動」抗議（不看日本電影、不聽日本歌、不講日本話、不看日本書刊、不買日本貨等），直到一九七九年決議，國際奧會承認北平奧會名稱為「中國奧會」，台灣於是退出國際奧會活動。此舉也導致一九八一年，我國與國際奧會在瑞士洛桑簽訂屈辱的「奧會模式」。

鑑於我國外交處境艱困，並善盡企業公民社會責任，台北市廣告同業公會常務理事、柏泓媒體總裁李世揚，慨然向新聞局表示，願意捐贈中正機場一、二期航站手推車廣告一百面、台北市與高雄市公車車體廣告一百面，以刊登此次被撤廣告，讓全體國民「評評理」❶。

二〇〇〇年奧運在澳洲雪梨舉行，我國即有廣告刊登（**圖**7-

12），刊登於飛航雪梨的《澳航雜誌》與《安捷航空雜誌》，標題是
"A Democratic Taiwan Reaches Out to the Global Community"（民主
台灣與世界接軌），副標題是 "Taiwan can make an Olympian contri-
bution"（台灣可對奧運貢獻），廣告亦由長麗公司製作，但刊登規
模遠不及二○○四年；此次奧運廣告雖然遭遇橫阻，但仍顯示我國
政府長期關注國際宣傳的決心。無論體育、文化、商業活動均是總
體外交力的一部分，唯有全體國民上下一心，方能持續讓「台灣發
聲」，拓展台灣在國際場域的能見度。

▲圖7-12　奧運機上雜誌廣告（2000）

註釋

❶本章整理自中華民國廣告年鑑編纂委員會（2004）〈中華民國政府「2004年奧運廣告」紀實〉，《中華民國廣告年鑑》第16輯，頁101-107，鄭自隆撰稿。

第八章

其他類議題廣告

　　議題廣告由於以議題為導向，主題明確，因此比形象廣告好做，也容易聚焦，主要呈現機動性與對議題的詮釋能力，近年來我國的國際性政治廣告已逐漸偏向議題訴求，這也是因應特殊國際處境的不得已措施。

　　其他類議題廣告，係行政院新聞局視當年事件或議題的重要性而執行的國際文宣，有一九九七年保護動物、一九九九年台灣關係法二十週年、一九九九年九二一地震感謝各國援助、二○○三年因應SARS疫情之廣告，以及歷年參加APEC與加入WHO廣告。

第一節　一九九七年「動物保護」廣告

一、台灣「動物保護」議題

　　九○年代初期台灣動物保護議題常引來國際社會的指責，國人有「吃什麼，補什麼」的錯誤認知，而且對大型野生動物充滿神秘的「憧憬」，因此當街宰殺老虎、黑熊的新聞，常躍升國際媒體版面，累積成台灣的負面形象。一九九四年更因被認為是犀牛角和虎骨非法貿易的主要地區，遭美國培利修正案制裁。

　　一九九七年美國肯塔基州共和黨籍參議員麥康諾及伊利諾州共和黨籍眾議員波特，聯名提出一項熊類保護法案，將責成美國內政部長及貿易代表，與包括台灣、香港、中國及南韓等亞洲各國諮商，遏止正危及美洲黑熊生存的熊膽及相關製品的貿易活動。這是繼犀牛角、虎骨之後，美國國會人士再次指控東方國家，特別是華

人社會國家的傳統醫學用藥危及野生動物。在美國及國際保育團體、華盛頓公約（CITES）執行委員會及國會的敦促下，柯林頓政府曾因此首度援引「培利修正案」，對台灣輸美野生動物產品施以貿易制裁。

　　根據保育團體提供的資料，由於亞洲地區傳統醫藥廣泛使用熊膽，「從糖尿病到心臟病幾乎無所不包」，熊膽及熊膽汁製品的需求不斷增加，在此情形下，亞洲黑熊過去幾年來已捕殺殆盡，各國藥商轉而尋求以美洲黑熊作為替代品，導致美國境內黑熊遭到大量非法捕殺。非法盜獵者為取得熊膽捕殺的美洲種黑熊，每年超過四萬頭，幾乎與美國各州依法核准獵捕的黑熊數字相當。肯塔基州內的黑熊族群，估計已降為不到一百頭。麥康諾認為，美洲黑熊非法捕殺及熊膽貿易的興盛，問題出在一個「貪」字。他說：「在南韓，熊膽等值於同重量的金子，每個熊膽在黑市的叫價可以高達一萬美元。」熊類保護法案所以全面禁止熊膽及有關製品的進出口、越州交易，並主張把華盛頓公約規定可以有限度管理貿易的其他熊類的膽及製品也列入禁止範圍❶。

　　此外虐待流浪動物也是國際性議題，一九九七年「世界動物保護協會」譴責台灣以「有系統，且令人髮指的殘酷手段」對付流浪狗。這些流浪狗被捕後，不是任令其死亡就是被屠殺。總部在倫敦的世界動物保護協會在一份以「棄狗：台灣製造」為題的報告中指出，對狗兒來說，台灣是全球最可怕的地方之一。這份報告說，據估計，台灣約有兩百萬條流浪狗，其中單是在一九九五年被從街頭除去的數量便超過六萬六千隻❷。

　　台灣流浪狗的悲慘遭遇在國際間引起廣泛同情，各國動物保護團體紛紛寫信給李登輝總統，達賴喇嘛和法國影星碧姬巴鐸也表示關切。

　　世界動物保護協會將來台調查流浪狗收容所拍攝的影片，寄給

世界各地二十多個動物保護團體，其中美、英、德、香港、澳洲、南韓、日本、南非等十五個團體已寫信給李總統，一致呼籲政府早日訂定動物保護法。法國動物保護協會會長克蘿伊公主，也在記者會上宣讀兩封名人寫來的信，達賴喇嘛說：「動物被捉、被關，因人類各種用途被剝削，遭到嚴重傷害，總是令我感到難過，我們不僅要對人類同胞有憐憫、同情心，對一起住在地球上的動植物也應有相同心情。」致力動物保護的碧姬巴鐸則說，她對台灣對待流浪狗的殘忍暴行感到震驚，希望台灣改善，她也會把台灣的情況告訴所有認識的人❸。

同樣在一九九七年，德國《星球周刊》以巨大篇幅刊登一篇由該刊記者修斯特前往台灣實地採訪的報導，引起德國本地愛護動物協會人士注意及不滿。《星球周刊》負責學術報導的記者修斯特，在這篇〈狗兒大屠殺〉全文中，訪問了北台灣地區一些負責撲殺流浪狗的人士，表示當地殺狗的人不願意讓記者進入參觀，因為「過程恐怖殘忍、不堪入目」，他們因為謀生不得已而為之，「回家都要為狗兒燒香、燒冥錢」。

修斯特在文中為待死的狗兒請命，他對「台灣到現在還沒有立法保護動物」感到不解，文中並引用基隆市政府環保局官員提供的數字，該區「每年約有八千隻狗遭淹溺」，該記者訪問的當週「則約有一百六十六隻」。修斯特指出，台灣政府已斥資一億五千萬元經費撲殺流浪狗，甚至工作人員「殺一隻狗可獲得五百元」，約卅萬隻流浪狗無情殘忍地遭屠殺，其中只有百分之二的狗兒施以安樂死，其他全數以不人道的手段活活燒死、瓦斯毒死或活活掩埋、溺死❹。

不過也有對台灣肯定的訊息，一九九七年六月九日華盛頓公約組織（CITES）會員國大會在非洲辛巴威舉行，野生物貿易調查委員會（TRAFFIC）向大會發表報告，抨擊多個會員國對拯救瀕危老

虎開出空頭支票，反而非會員國的台灣有積極行動。

　　華約組織本屆會員大會，一百三十七個會員國將再次討論全球僅存五千隻老虎的狀況。老虎因棲地日減及非法盜獵製成中藥材，瀕臨絕種。華約組織在九四年會員國大會中決議，各國應禁止國內老虎產製品貿易（如虎骨），但野生物貿易調查委員會的最新報告指出，在調查的二十九國中，只有九國執行這項決議，澳洲、紐西蘭及美國多數州都沒有嚴格管制。值得一提的是，委員會在調查中發現，亞洲幾個主要的老虎消費國，除日本和北韓外，都已制定世界最嚴格的國內管制辦法，尤其是台灣。

　　報告指出，台灣在一九九四年，因被認為是犀牛角和虎骨非法貿易的主要地區，遭美國培利修正案制裁，但台灣現在不僅加強國內立法，也是少數非老虎產地國中，積極支持國際野生老虎保護計畫者。委員會台北代表斐馬克說，台灣雖然不是華約組織會員國，但也採行許多CITES的建議措施，管制國內的老虎、犀牛產製品❺。

二、「台灣獼猴」廣告

　　台灣數十年來在國際上雖然處於政治隔離的狀況，經濟的發展卻讓世界各國刮目相看，但是在國際環保議題上，台灣卻背負惡名，如輸入、販賣瀕臨絕種動物及其製品，輸入廢五金等有毒物質，以流刺網在公海上捕魚，建廠生產會破壞臭氧層的氟氯碳物質等，在國際譴責聲浪下，一九八九年野生動物保育法公告實施，但在一九九四年，我國卻因為涉及犀牛角與虎骨的貿易，成為美國首次援用培利法案貿易制裁對象，也因此成為國際矚目的焦點，雖然該項制裁在不到一年的時間即因狀況有所改善而撤消，但台灣「濫殺動物」的形象卻始終無法擺脫，因此在一九九七年推出「台灣獼猴篇」國家形象廣告，宣示我國對於保育的用心（**圖**8-1）。標題是

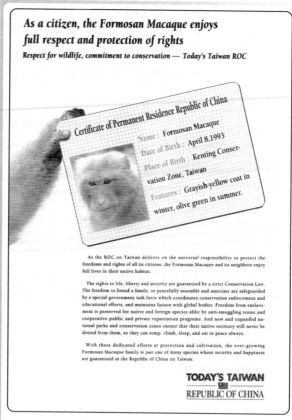

▲圖8-1 「台灣彌猴」廣告（1997）

「作為一個公民，台灣彌猴享受完全的尊重與保護」（As a citizen, the Formosan Macaque enjoys full respect and protection of rights），畫面為一隻彌猴的手拿著一張中華民國永久居留證。此廣告由長麗公司設計。

第二節　一九九九年「台灣關係法二十週年」廣告

一、台灣關係法二十週年

　　一九七九年一月一日台美斷交，美國亦於當年四月九日制訂「台灣關係法」，「台灣關係法」是美國首次以國內法的形式，確定美國與其他國家的實質外交關係。在世界外交史上，這是一項史無前例的新嘗試。形式上，中華民國與美國並未維持政府間關係，雙方的代表機構在法律上也不是正式的官方機構。但實質上，我國在美國國內法的地位，與主權獨立國家大同小異，享有法人地位，保有訴訟能力，而且可以簽署協定。雙方的代表機構直接或間接地執行與領事館同樣的功能，機構的工作人員也享有國際機構人員同樣的合法特權與免責權。

　　「台灣關係法」更具有規範美國外交政策的特殊意義，透過立法的形式，對任何企圖以和平以外的手段來決定台灣未來的行動時，提出國家法律層次的強烈警告，藉以從旁協助，包括提供必要的防禦性武器，持續保障台灣的安全。此外，「台灣關係法」也考慮到台灣對美的移民數量、投資保護，以及台灣在國際組織的會員地位等面向。

　　「台灣關係法」對維護台海和平，以及協助我國政治持續邁向安定進步，功效卓著。尤其是從基本面上維護台海的和平，使我國能有安定的外部環境來完成政治民主化，更是貢獻至鉅。台海的安定攸關亞太地區整體的和平發展，台灣海峽的和平與安定一旦遭到破壞，從波斯灣到東北亞的海路安全就毫無保障，從而必須損及整個

區域的安定與繁榮。就此而言,「台灣關係法」的存在功能,更是亞太總體安全的基石❻。

一九九九年為台美斷交二十年,也是「台灣關係法」簽署二十週年紀念,因此新聞局配合進行「台灣關係法二十週年宣傳計畫」,該計畫包括請駐美外館與轄內智庫、學術單位或國際事務相關社團,以「台灣關係法制定二十週年」或「中美關係的回顧與展望」為題合辦演講、研討會及座談會;邀請美國重要媒體訪華,參加中研院在台北所舉行之「『台灣關係法』二十週年國際學術研討會」;以及安排新聞局長訪美並宣揚「台灣關係法」對台灣之意涵,此外並在美國重要平面媒體刊登廣告❼。

二、文宣活動

在廣告專文的部分,為紀念簽訂二十週年,於四月九日在《紐約時報》社論版對頁刊登一篇「台灣關係法」對台美關係之意義專文,同月十二日刊登行政院長蕭萬長專文:標題為 "The TRA's 20th Anniversary: Peace, Prosperity and Democracy"(台灣關係法二十週年:和平、民主、繁榮),內容回溯二十年前在美國參、眾議員的合作以及在廣大輿論支持下,美國總統簽署台灣關係法作為美國與中華民國間終止外交關係後之雙邊關係依據。台灣政府對於美國長期堅持台灣關係法的立法精神,並使其功能充分發揮,致深感佩。由於台灣關係法的制定與落實,對於亞太地區的安全與繁榮也提供相當程度的保障。

四月三十日則於《華盛頓郵報》刊登長達四頁全版的特刊「台灣關係法與中美關係的回顧與展望」,廣告的第一頁以「台灣關係法:二十年的成功」為大標題,並刊登台灣李登輝總統及美國柯林頓總統的照片,以及他們對台灣關係法的評論。在文中李登輝總統

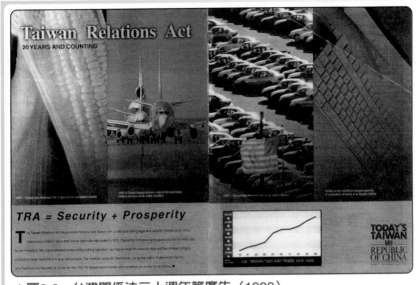

▲圖8-2　台灣關係法二十週年篇廣告（1999）

提到台灣關係法在過去二十年來對台灣海峽的安定有很大的貢獻，柯林頓則說台灣關係法有助於強化雙邊友誼的橋樑，並維持亞洲的和平與穩定。

　　在特刊中介紹台灣關係法的歷史，並引述新聞局長程建人對台灣關係法的分析。在特刊第二頁的下半版則放置圖文廣告，廣告係新聞局委請華威葛瑞廣告公司製作，標題為 "TRA= Security + Prosperity"（「台灣關係法」等於安全加穩定）（圖8-2），廣告內容主要是說明台灣關係法對於台灣以及亞太地區穩定、繁榮的貢獻，該廣告並另刊載於《富比士》與《經濟學人》雜誌。

　　特刊第三版則介紹中華民國的歷史與現狀，廣告的最後一頁則是感謝二十年前投票支持「台灣關係法」的美國國會議員，特刊中提到「台灣關係法」當年在參議院以八十五票對四票，在眾議院以三三九票對五十票通過，特刊中並列出所有投贊成票的議員姓名。

▼表8-1　台灣關係法二十週年廣告刊登表

刊登名稱	紐約時報（The New York Times）	新聞週刊（Newsweek）商務特版	富比士（Forbes）	經濟學人（Economist）	華盛頓郵報（The Washington Post）
刊登日期	四月九日	四月十二日	四月十九日	四月廿四日	四月三十日
廣告形態及刊登者	在社論版對頁（四分之一版）以「台灣同鄉聯誼會」名義刊登廣告專文	黑白廣告一頁	跨頁彩色廣告	跨頁彩色廣告	八頁特刊，刊登局長專文及跨頁黑白廣告。
廣告內容	「台灣關係法」對中美關係之意涵。	蕭院長專文：「台灣關係法」廿週年——和平、民主、繁榮。	「台灣關係法」是台灣穩定、繁榮之基石。	「台灣關係法」是台灣穩定、繁榮之基石。	「台灣關係法」對中美關係之意涵。

資料來源：行政院新聞局。

「台灣關係法二十週年宣傳計畫」結束後，新聞局遂進行停滯多年的台灣參與聯合國計畫，突破過去刊登平面廣告以及專文廣告的方式，在該年度以多元媒體宣傳策略進行文宣工作。

第三節　九二一地震後廣告

一、九二一地震

　　一九九九年九月二十一日凌晨一點四十七分，台灣南投縣集集附近發生強烈地震，地震規模達七點三級，震央位置在北緯23.85°、東經120.78°，相對位置為日月潭西南方六點五公里處，震源深度一公里，各縣市最大震度：南投六級、台中六級、嘉義五

級、新竹五級、台南五級、宜蘭五級、台東四級、屏東四級、澎湖四級、高雄四級、台北四級、花蓮三級、苗栗三級，死亡二千三百三十三人、受傷送醫一萬零二人、失蹤三十九人，是台灣百年以來最大的地震。

地震當日，總統府立即成立「九二一地震救災督導中心」，由副總統連戰負責，中心設在中興新村。財政部並宣布股市延至九月二十七日開市。各國紛紛派出救援團，當天即有十三國五百五十人及多隻救難犬抵台；聯合國人道事務協調署也派六人抵台勘災。

九月二十五日總統發布緊急命令。該命令共十二條，為期六個月，至八十九年三月二十四日止；中央政府將在八百億元限額內發行公債或借款，由行政院依救災、重建計畫統籌支用，不受預算法和公共債務法限制。

九二一地震導致財經損失，一年半內震災財政損失三百三十五億九千萬，稅收損失二百五十億元，紡織等業訂單流失逾百億元，九月十二萬人暫時退出勞動市場，製造業利潤率創十六年來最低，製造業九、十月營收減少六百九十一億元，斷電效應產業損失逾一百億美元 ❽ 。

二、文宣活動

(一)「四海一家」廣告

在發生大地震後，世界各國紛紛派遣專家赴台協助救援任務，包括美國、南韓、新加坡、日本、泰國、俄羅斯、土耳其、英國、德國、捷克、西班牙、加拿大、瑞士及奧地利等國家的救援團抵台，希望能夠在黃金七十二小時時間內救出被困在瓦礫堆的民眾。

為感謝這些國外救援單位迅速地對我國伸出援手，提供救援物

▲圖8-3 「四海一家」廣告（1999）

資，新聞局於是緊急製作「九二一感謝各國援助篇」（**圖**8-3）廣告，標題是「四海一家」（We are all one family），次標題為「台灣感謝國際社會」；為表示哀傷，因此廣告以黑白稿呈現。刊登媒體包括《今日美國》（*USA Today*）、《邁阿密先鋒報》、《國際前鋒論壇報》以及《亞洲週刊》等報紙與雜誌❾。

除新聞局刊登平面廣告感謝各國救援團體對我之協助外，外交部亦製作一部三十秒廣告 "Taiwan Thanks the World"（台灣，感謝世界的援助）於美國有線電視網（CNN）頻道播放，這是我國政府第一次在CNN播放廣告。

廣告內容一開始是黑白字幕，寫出台灣在九月二十一日發生芮氏規模七點三地震，接著畫面跳到積木搖晃之後震倒，再來是一個台灣小男孩無助地站在一堆混亂的積木前，蹲下來開始堆積木，接著有白人小男孩、黑人小女孩及不同人種的孩童紛紛進來幫忙，最

後字幕是“Taiwan Thanks the World”。

外交部表示，地震之後，許多外國人士對我國表示關切、慰問，甚至組團前來提供具體援助，許多民眾反應一定要好好向這些外國人士致謝，於是外交部決定在地震發生一個月後向全球表示感謝。這支廣告除了在CNN播出之外，也做成中文版、西班牙文及法文版，分別在中南美洲、歐洲及非洲播放❿。

(二)台灣依舊美麗系列

九二一大地震使台灣中部地區遭受重創，然而九二一大地震所帶來之地方性破壞，國際視聽卻錯認為全國性大災難，進而造成不願至台灣旅遊的現象。尤其是日本，日本是我國觀光客最大來源國。因此台灣觀光協會委請新聞局製作重振台灣觀光的形象廣告，希望藉由廣告告訴世人，台灣已經從地震的損害中走出，歡迎國際人士能夠繼續來台灣欣賞台灣的美麗風光。

該廣告由長麗公司設計，相較於亞洲其他觀光宣傳十分活躍的國家，如香港、新加坡、泰國等，台灣擁有豐富的觀光資源，卻因九二一地震影響而重創台灣的觀光事業，是台灣觀光業的危機，因此應藉由九二一後的新貌，全新塑造我國觀光形象、重振台灣觀光事業，以告訴世人「歷經神奇的蛻變過程，今日台灣展現彩蝶般美麗風采」，因此提出“Miraculous Taiwan”（充滿神奇的台灣）作為此次整合傳播行銷案的整體概念，告訴世人台灣從政治奇蹟、經貿奇蹟到科技奇蹟，讓台灣觀光業形象與台灣奇蹟的形象結合，創造出「充滿神奇的台灣」。

此外並使用「蝴蝶」作為視覺概念，由於「蝴蝶」象徵著飛翔、自由自在、美麗、蛻變、女性化、多采多姿、自然、和善、春天、活力、希望、鄉野，而蝴蝶停留的地方更都是鳥語花香的地方，因此以蝴蝶作為台灣的象徵。

此次整合傳播行銷案的主要目標區域亞洲地區以日本為主，其次為香港，美洲地區則是以美國為主。次要目標市場則包括新加坡、韓國、馬來西亞、德國、英國以及法國等，目標對象則是商務旅客以及每年固定安排出國旅遊的消費大眾。

根據目標對象、目標市場以及確定的傳播概念所擬定出的整合傳播策略，包括全球廣告雜誌及燈廂雜誌刊播、製作DM放置於國外機場外站、國外旅行社或郵寄予航空公司外籍會員，於重要地點如飯店、機場布置宣傳旗幟營造繽紛歡樂及現代的氣氛，以及配合廣告與相關旅遊設計公關活動等⓫。

台灣依舊美麗整合傳播行銷案在廣告設計部分，共設計二幅平面廣告，分別是「水晶球篇」以及「燈籠篇」，水晶球篇（圖8-4）廣告中以一名台灣女子低頭微笑，額頭輕觸手中的一個水晶球為主體，水晶球意味著神奇的感覺，就如同台灣從經貿奇蹟、政治奇蹟到今日的科技奇蹟，台灣充滿神奇的色彩，神奇的水晶球中清楚呈現出台灣傳統舞龍舞獅、精緻美食、現代化摩天大樓、流行服裝秀、傳統與現代的表演藝術……等精采畫面，廣告標題 "The Beauty of Taiwan- More Accessible than Ever"（台灣之美，更勝於往），意指更進步、更美麗的台灣，讓您更易接觸。

第二幅為燈籠篇（圖8-5），這幅廣告是配合元宵節「台北燈會」所製作的觀光宣傳廣告。廣告是以一西方小孩仰望，表情充滿好奇與歡喜，並伸手觸摸富涵濃厚東方風味的燈籠，美麗的燈籠吸引人一探究竟，而台灣貢獻予世人的，正是一連串的神奇與驚喜，如：台灣傳統的節慶活動、精緻可口的餐飲美食、現代化的都市景觀、流行前衛的服裝秀、傳統與現代的表演藝術……等，廣告標題 "Radiant as Ever"（燦爛如昔），標題中帶出台灣豐富迷人的觀光資產，而充滿神奇的台灣，亦將帶給旅客無限驚喜。

為在最短時間內重振九二一震災受創之台灣觀光事業，在廣告

刊播部分，主要是針對亞洲地區，特別是日本旅遊市場為主，選擇當地發行量大且閱讀率高的報紙與雜誌，包括《產經新聞》、《President》、《Nikkei Business》、《遠東經濟評論》、《亞洲週刊》，美洲地區則選擇《富比士》雜誌，歐洲則是《Business Traveler Europe》。除一般性雜誌外，另在機艙雜誌以及旅遊雜誌上刊登廣告，選擇台灣飛航國際線的航空公司機上雜誌，以接觸全球來華人士，包括長榮航空、中華航空以及日亞航空等三家機上雜誌；選擇旅遊業界閱讀之專業旅遊刊物刊登，包括《Travel News Asia》及《Travel Journal》二家，可以透過旅遊業界的影響力達到吸引消費者來台觀光的目的。廣告版面皆為彩色廣告頁以吸引讀者目光，報紙為彩色半頁，雜誌則彩色全頁，廣告刊登採取集中刊登方式，從一九九九年十一月至二〇〇〇年二月 ⓬。

(三)媒體刊登與投書

媒體投書與新聞發布為新聞連繫作業（publicity），屬公共關係活動的範圍，此次運用之新聞連繫作業有兩項，專文刊登與讀者投書 ⓭：

1.專文刊登：自「九二一震災」發生以來，國際社會紛紛提供援助，因此新聞局以程建人局長署名撰寫〈我們都是一家人：感謝國際社會〉（We are all one family: Taiwan thanks the international community）專文，以感謝國際各界對我之關懷及即時之人道救援。至該年（一九九九）十月二十二日止，該專文計獲二十六國之媒體刊出五十七篇次，績效極為突出。其中較重要之報刊有：美國《今日美國報》（USA Today）、日本《英文日本時報》（Japan Times）、韓國《朝鮮時報》、新加坡《英文海峽時報》（Straits Times）、西班牙

▲圖8-4 「水晶球」廣告（1999）

▲圖8-5 「燈籠」廣告（1999）

《ABC日報》（*ABC*）、荷蘭《荷蘭日報》（*Nederlands Dagblad*）、德國《明星週報》（*Stern*）、馬其頓《晨報》（*E Shtuneie Hene*）、南非《公民日報》（*The Citizen*）、宏都拉斯《論壇報》（*La Tribuna*）、巴拿馬《新聞報》（*La Prensa*）、瓜地馬拉《二十一世紀報》（*Siglo Veitiuno*）、巴拉圭《ABC彩色報》（*ABC Color*）、格瑞那達《傳訊週報》（*Grenada Informer*）等。

2.讀者投書：新聞局另電飭所屬駐外新聞機構以駐館名義積極投書轄內重要報刊，至該年十月二十二日止，投書計獲二十五國之媒體刊出七十八篇次，包括美國《聖荷西水星報》（*San Jose Mercury News*）、加拿大《環球郵報》（*The Global and Mail*）、日本《產經新聞》、韓國《朝鮮日報》、新加坡《英文海峽時報》（*Straits Times*）、澳大利亞《澳洲人報》（*The Australian*）、西班牙《ABC日報》（*ABC*）、義大利《晚郵報》（*Corriere della Sera*）、荷蘭《電訊報》（*De Telgraaf*）、巴西《聖保羅頁報》（*Folha De Sao Paulo*）、宏都拉斯《論壇報》（*La Tribuna*）、智利《水星報》（*El Mercurio*）、哥斯大黎加《國家日報》（*La Nacion*）、巴拿馬《北巴日報》（*El Panama America*）、委內瑞拉《卡拉波波報》（*El Carabobeno*）、南非《每日新聞報》（*Daily News*）等。

第四節　二〇〇〇年APEC廣告

一、APEC

　　APEC為Asia Pacific Economic Cooperation的簡稱，中文名稱為「亞太經濟合作會議」，成立於一九八九年，為亞太地區二十一個經濟體（economy）高階政府官員之間的諮商論壇。

　　八〇年代區域經濟整合之趨勢的興盛，歐盟等原有之區域協定逐漸擴大與加深，新的區域協定如北美自由貿易協定、澳紐緊密關係協定等亦相繼簽訂或協商成立之中。亞太地區的國家體認到有必要成立類似之區域論壇，以解決共同關切之經貿議題。因此，澳洲前總理霍克（Bob Hawke）於一九八九年年初提議在亞太地區成立一經濟論壇，希望經由各會員體部長之間的對話與協商，尋求亞太地區經貿政策之協調，促進亞太地區貿易暨投資自由化與區域合作，維持區域之成長與發展。

　　APEC採用自願性原則，具論壇性質，所作的決議不具拘束力。同時，APEC不是一個貿易區塊，而是一種開放性區域協會，各會員體政府之間所達成貿易自由化的協議，都將適用於其他非會員體，這就是APEC部長們所共同決定遵循之開放區域主義（open regionalism）的精神。

　　APEC目標有四項，維持區域的成長與發展、加強經濟相互依存的利益、形成並強化多邊貿易體系、降低會員體貨物與服務之貿易與投資障礙。三大工作項目為：

1. 貿易與投資自由化：漸次減少關稅及非關稅障礙，以達成已開發經濟體於二○一○年、開發中經濟體於二○二○年貿易與投資自由化的目標。

2. 貿易與投資便捷化：包括各工作小組所提議與從事之計畫，以加強資訊流通與程序透明，提昇管制環境、標準以及措施之和諧，並加速政府採購資訊之取得。另外諸如改善商務旅行之簽證與通關程序、原產地法則的收集，以及研究去除管制的各種途徑，都是其中的例證。

3. 經濟與技術合作：此合作綱領用以達成APEC永續成長及均衡發展的目標，一九九六年的經濟合作與發展架構並確定APEC的六大優先領域——發展人力資源、確保資本市場的安全與效率、強化經濟基礎建設、培育未來科技、提昇保護環境之永續經濟成長、鼓勵並協助中小企業的成長。強調不分男女都應共同參與APEC的活動，以獲得經濟成長的最大利益；並提昇民間企業與政府部門的合作，以健全區域發展的體質。

目前APEC共有二十一個會員體，分別為：澳洲、紐西蘭、韓國、日本、中華台北（台灣）、中國、中國香港、新加坡、馬來西亞、泰國、汶萊、越南、印尼、菲律賓、俄羅斯、巴布亞新幾內亞、美國、加拿大、墨西哥、智利、秘魯❶❹。

二、二○○五年「擁抱地球」廣告

二○○○年APEC領袖會議在十一月十五、十六日在汶萊舉行，主辦國設定年度主題為「對亞太社區做出貢獻」。台灣則派中央銀行總裁彭淮南與會，新聞局於是在APEC會議舉行期間推出這幅廣告，以一群天真活潑的兒童合擁地球，象徵台灣積極關懷國際、

▲圖8-6　APEC「擁抱地球」廣告（2000）

擁抱世界。地球圖樣之設計突顯亞洲環太平洋地區。廣告標題"Working together to make our world better, Chinese Taipei- A Proud APEC team player"（共同努力，讓世界更好，中華台北以身為APEC的團隊為榮），在世界地球村概念已然形成之際，互相尊重、公平及團結互助的普世價值應持續展現，中華民國亦會以成功的政經發展經驗積極參與世界、關懷國際，以建立一個更美好的世界（圖8-6）。

三、二〇〇五年「用台灣經驗充電」廣告

二〇〇五年APEC會議在十一月十二至十九日在韓國釜山舉行，主題為「邁向共同社群：迎接挑戰、推動變革」（towards one community: meet the challenge, make the change），次主題為達成茂物（Bogor）宣言目標、確保透明及安全商業環境、建議消彌差異的橋樑。

為配合此次會議，新聞局設定之廣告目的為強調積極參與，善盡義務與貢獻，除全力落實貿易自由化與便捷化，協助開發中的國家縮減經濟落差外，亦積極評估推動亞太區域自由貿易協定（FTAAP）之可行性，以期加速區域經濟整合，此外亦期待從廣告中呈現我國進步繁榮形象，並突顯國家主體性。

經公開比稿，廣告由志上廣告公司承製，廣告以盒裝乾電池為

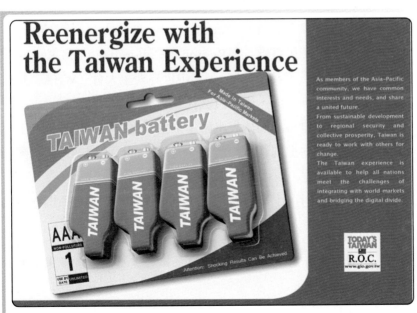

▲圖8-7　「用台灣經驗充電」廣告（2005）

視覺點，乾電池形如台灣，象徵台灣願意協助其他開發中的國家，扮演「充電」角色，標題爲Reenergize with the Taiwan experience（用台灣經驗充電），創意頗具新意（**圖**8-7）。

第五節　加入WHO 廣告

一、WHO

世界衛生組織（World Health Organization; WHO）爲聯合國轄下的世界性組織，其憲章於一九四六年七月二十二日簽署，一九四八年四月七日生效。一九七一年蔣介石政權被逐出聯合國，台灣也一併喪失WHO席次。

WHO憲章規定其組織架構爲四部分：The World Health Assembly（世界衛生大會）、The Executive Board（執行委員會）、The Secretariat（秘書處）與Regional Committees and Regional Offices（區域委員會及辦公室），其中世界衛生大會（WHA）是世界衛生組織的最高機構，由會員國代表組成，每年五月在日內瓦舉行會議，由所有會員國的代表出席，主要任務是審議秘書長的工作報告、工作規劃、批准兩年一度的活動預算預算、接納新會員國和討論其他重要問題，並且制定主要的政策。

WHO憲章簽字國以聯合國憲章爲依據，宣告下列各原則爲各國人民幸福、和睦與安全的基礎：

> 健康是身體、精神與社會的全部的美滿狀態，不僅是免
> 於疾病或殘弱。

享受可能獲得的最高健康標準是每個人的基本權利之一，不因種族、宗教、政治信仰、經濟及社會條件而有區別。

全世界人民的健康為謀求和平與安全的基礎是有賴於個人的與國家的充分合作。

任何國家在增進和維護健康方面的成就都是對全人類有價值的。

各國在增進及控制疾病，特別是傳染病方面的不平衡發展是一種共同的危害。

兒童的健全發育是為基本重要；在不斷變化的總環境中具有融入生活的能力，是這種發育所不可缺少的。

在全世界人民中推廣醫學、心理學及其有關知識，對於充分獲得健康是必要的。

群眾的正確意見與積極合作對於增進人民的健康至關重要。

各國政府對人民健康負有一定的責任，唯有採取充分的衛生。

各簽字國接受上述原則，並為達成相互間其他機構的合作，以增進和維護各國人民的健康起見，同意本憲章，並依照聯合國憲章第五十七條，作為一個專門機構成立世界衛生組織。

WHO會員身分分為三種：正式會員、副會員、觀察員。三種不同的會員身分，有不同的申請條件，與不同的責任義務。台灣申請為觀察員的主要理由，主要為觀察員的身分不涉及國家主權，可避免中國的打壓與避開台灣國際地位的爭議。 其次申請成為正式會員有國際現實的困難，而台灣為主權國家，亦不符合副會員的身分，

WHO憲章第八條規定：「不能自行負責處理國際關係的領土或領土群，經負責對該領土或領土群國際關係的會員國或其他當局（other authority）代為申請，並經世界衛生大會通過，得加入成為本組織的準會員。」**⑮**

二〇〇〇年五月十八日，副總統當選人呂秀蓮曾經表示「加入WTO、WHO，猶如進入聯合國的東門與西門，唯有東、西門都打開，始能獲得聯合國的同情與支持 **⑯**」。因此，在二〇〇二年台灣加入WTO後，下一個目標便是朝加入WHO努力。行政院長游錫堃在立法院接受立委質詢時亦強調「除了加入聯合國之外，當前政府努力的最大目標就是加入WHO，只要各友邦國家都支持，不久之後，一定會有所突破」。為有效地執行參與WHO工作，在二〇〇一年四月成立了「行政院推動參與世界衛生組織專案小組」，其成員包括無任所大使、衛生署、外交部、經濟部、陸委會、新聞局、文建會、國內民間醫界團體及海外華人團體等。

台灣參與國際組織，不僅利於台灣兩千三百萬人民，亦可促進國際社會整體之利益，許多非政治、技術性及人道性的組織，不應以政治因素而將台灣排拒在外，WHO的憲章亦指出：「在世界生存的全體人類有權利接受最高健康標準的照顧，且不可因為種族、宗教、政治信仰、經濟、社會條件的差異而有所不同」，由此可見「醫療人權」是WHO的宗旨，健康是所有人口的基本人權之一。

二、文宣活動

(一) 策略

新聞局負責文宣工作，二〇〇五年文宣策略如下：

1.文宣目標：配合外交部策略，在美、日、歐盟國家暨具潛在
　可能支持我案之國家形塑友我輿論，兼具固本暨開拓我案支
　持國，進而達成於WHA中增加支持我案之投票數。

2.訴求主軸：維護台灣人民之健康福祉，並為全球衛生合作貢
　獻心力，呼籲WHO應邀台灣參與WHA。

　(1)對美日：以專業理性訴求，突顯台灣高水準之公衛醫療，
　　　如健保制度等之卓越成就。

　(2)對歐盟：以人道關懷柔性訴求，展現台灣對全球醫療體系
　　　之具體貢獻。

　(3)對潛在國家：以人道關懷柔性訴求，展現台灣對全球醫療
　　　體系之具體貢獻。

3.策略規劃：採取雙管齊下之策略，同時推動「WHA觀察員案」
　及「參與『國際衛生條例』（IHR）案」，盼能取得具體進展。
　「WHA觀察員案」將續採以「衛生實體」（health enitity）之
　概念，推動「台灣」成為WHA「觀察員」，強調我案之人道
　性、功能性及實質參與之訴求，俾在既有基礎上持續爭取國
　際社會瞭解並支持我推動以觀察員身分參與WHA。參與「國
　際衛生條例」（IHR）案，已成功促成IHR草案納入「普世適
　用」（universal application）等利我參與之文字。

4.傳播策略：

　(1)善用E化科技傳播：為突破時空藩籬之限制，新聞局除藉
　　　由辦理網頁設計、有獎徵答及與國際知名網站辦理網路文
　　　宣外，並加強辦理視訊會議論壇，以安排目標國核心人
　　　士，如外交、醫藥官員及學術媒體界人士與我相關部會首
　　　長或專家學者進行意見交流，強化雙向互動。

　(2)資源有效整合：整合相關部會政策說帖、談話要點、新聞
　　　說明稿等資料，由新聞局進行套冊、電視短片等文宣製

作，並規劃文宣通路。此外，善用公私營媒體傳播資源及通路，凝聚國人共識；在公屬媒體方面，運用「台灣之音」等公屬媒體，包括中央廣播電台、漢聲電台、宏觀電視對外發聲。

(3)文宣廣告多元化：運用電視傳播通路、國內暨重要國際機場燈箱及平面媒體等多元廣告媒體之影響力及通路，使我國入會之訴求及我對全球公衛醫療之貢獻密集曝光，有效提高能見度。

(4)新聞聯繫網脈綿密化：透過相關外館進行邀訪、洽排專訪、密集訪轄、新聞聯繫、撰發新聞稿等各項文宣工作，善用人際網絡關係，以助我案之推動。

5.傳播對象：

(1)目標國：

・美日暨歐盟。

・外交部及衛生署所策略規劃及具潛在支持我案國家。

(2)目標對象：

・美日暨歐盟，以及潛在支持我案國家之意見領袖。

・重要國際醫衛及人道NGO組織。

・國際重要新聞媒體。

・國際記者協會〔「駐聯合國記者協會」（UNCA）、「國際媒體駐日內瓦聯合國記者會」（ACANU）〕。

・駐歐盟國際媒體特派員。

・國際媒體駐亞洲（台北、東京、曼谷、香港及北京）特派員。

・台灣新聞界及國內民眾，以凝聚國內共識。

(二)二〇〇二年廣告

　　二〇〇二年的宣達台灣欲加入WHO的意願廣告，標題 "Who is not in the WHO？"（誰沒有在WHO裏？），以WHO與Who（誰）的雙關語呈現在WHO全世界體系下，唯有台灣被排除在外，希望透過廣告讓世人明白台灣應有積極參與並貢獻己力之機會（圖8-8），廣告由長麗公司製作。

(三)二〇〇四年廣告

　　二〇〇三年因SARS而暫停宣導，二〇〇四年恢復，廣告有兩幅，均為紅底大字標題呈現，一幅標題為 "WHO Cares?"（誰在乎？ 或WHO在乎嗎？），也是以WHO與Who（誰）的雙語關呈現（圖8-9）。另一幅標題為華文「愛」，並佐以英文 "Love and Care" 的說明，並有Support Taiwan's entry into the World Health Organization（請支持台灣加入WHO）的口號（圖8-10）。

(四)二〇〇五年廣告

　　二〇〇五年的廣告訴求以「台灣醫療成就」與「台灣國際醫療及人道援助」為主題，台灣建立完整的衛生醫療、通報及研究機構的網絡，並擁有亞洲首創的「全民健康保險制度」；台灣人民平均壽命名列亞洲前茅，嬰兒低死亡率與已開發先進國家相同水準；台灣於五〇年代就已根除鼠疫、天花、狂犬病及瘧疾等傳染病。台灣自一九八三年以來就沒有小兒麻痺的通報案例；台灣為全世界第一個免費提供兒童B型肝炎疫苗接種的國家，以呈現台灣傲人的醫療成就。

　　在國際醫療及人道援助方面，台灣政府與民間基於人道精神積極投入南亞海嘯救災，至二〇〇五年一月中為止，派赴災區協助救

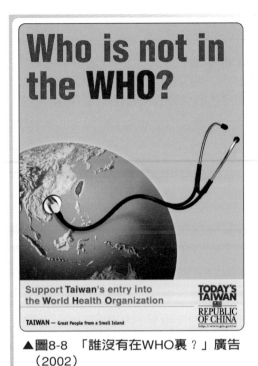

▲圖8-8 「誰沒有在WHO裏？」廣告
（2002）

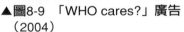

▲圖8-9 「WHO cares?」廣告 　　▲圖8-10 「愛」廣告（2004）
（2004）

災工作人員共三百七十六人，救援物資一百六十九噸外，政府與民間捐款粗估累計已達新台幣四億九千九百十五萬元及三百八十一萬美元。

　　台灣慈濟基金會與「世界醫師組織」等合作，在非洲及亞洲地區從事對抗結核病及其他疾病的援助工作，並參與當地醫院、診所的建設及公共衛生計畫、醫師及護士訓練的推展；台灣的「路竹會」、「佛光山基金會」、「世界展望會」等曾協助非洲、中東及亞洲地區國家興建醫院及診所，提供醫療器材，並支持對抗愛滋病的計畫。

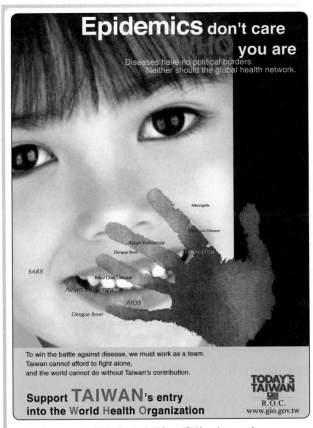

▲圖8-11　「病毒與小女孩」廣告（2005）

此外，透過台灣國際扶輪社捐款九百二十萬美元贊助「根除全球小兒麻痺症計畫」，以及台灣協助「羅慧夫顱顏基金會」在越南及柬埔寨推展治療兒童唇顎裂計畫；過去數年來，台灣政府與民間團體曾與「無疆界醫師」、「世界醫師組織」、「國際關懷協會」、「世界展望會」、「國際護理協會」及「國際慈悲組織」等國際組織合作，共同推動國際醫療協助及人道援助計畫。

二〇〇五年廣告仍由長麗公司設計製作，以「台灣是實踐WHO宗旨之不可或缺的國家」來呈現「台灣醫療成就」與「台灣國際醫療及人道援助」兩個主題（圖8-11），標題爲 "Epidemics don't care WHO you are"（病毒不會在乎你是誰），用WHO呈現雙關語的趣味，畫面是一位小女生可愛的臉孔，黑色手掌代表病毒。文案爲 "To win the battle against disease, we must work as team. Taiwan cannot afford to fight alone, and the world cannot do without Taiwan's contribution"（對抗疾病戰鬥中，我們必須團結，台灣不能承受孤立，世界也不應忽略台灣的貢獻）。

第六節　二〇〇三年後SARS期廣告

一、SARS

SARS是傳自中國的一種傳染病，當時沒有人知道它的起因，也不知道如何預防與治療，只知道染上後無藥可醫，死亡率極高，是二十一世紀的「黑死病」。因此二〇〇三年三月間自中國、香港傳入後，不停爆出病例，人心惶惶，導致百業蕭條，人們能不出門就不出門，因此不看電影、不上館子、不上街，世紀之初卻彷彿世

▼表8-2　二○○三年各國SARS總病例與死亡人數

國家	總病例	死亡人數
中國	5,326	346
香港	1,755	295
台灣	697	83
新加坡	206	31
加拿大	247	32

註：統計至二○○三年六月十八日。

資料來源：《聯合新聞網》http://issue.udn.com/SARS/。

界末日。

　　以台灣地理位置環海，加上不差的環境衛生與國民健康知識，照理SARS不應如此肆虐，主要是台北市政府處理和平醫院封院不當，才一發不可收拾，再加上媒體捕風捉影，說「華昌國宅地下水感染」、「馬偕醫院封院，裏面醫療人員坐以待斃，以瓶中信求救」，一時間自亂腳步，媒體從環境的守望者變成了謠言散播者。

　　SARS自三月流行至六月，死亡人數八十三人，七月五日WHO才宣布台灣自疫區名單除名；因SARS影響，二○○三年台灣實質經濟成長率3.33％，是近十年來次低者（二○○一年為-2.22％），失業率4.99％，亦是近十年來第二高者（二○○一年為5.17％）。

二、廣告

　　SARS疫情對我國的經貿及對外關係帶來很大的衝擊，但七月五日台灣已自世界衛生組織感染區名單除名，而美國疾病管制局日前亦解除對我國的旅遊警示。因此，為了推展國際文宣以開拓對外關係，吸引國外人士來台觀光及投資的契機，新聞局以「疫後再出發」

設定廣告文宣主軸，並在衛生署、新聞局及交通部觀光局的協力合作下推出廣告，希望藉刊登廣告傳達我國疫後自信、堅定的態度及釋出對國際友人歡迎造訪的訊息。

（一）「援助台灣，報以微笑」廣告

台灣從SARS感染區除名後，新聞局隨即發表「擁抱地球」篇國家形象廣告，以笑容可掬的台灣兒童擁抱地球爲影像，廣告標題"The smile say it all- Reach out to Taiwan"（援助台灣，報以微笑），畫面中展現出SARS後國人歡樂健康的心情，傳達了台灣歡迎國際人士來訪之訊息，廣告內容指出，自SARS疫區除名後的台灣是健康快樂的台灣，台灣感謝國際社會的協助與支持，並歡迎日本人來台重新認識台灣的社會活力及自然美景（圖8-12）。

「援助台灣，報以微笑」的廣告是由衛生署、新聞局及交通部觀光局三個單位合作辦理。廣告主要宣傳的對象爲日本與美國，所刊播的媒體主要爲日本《每日新聞》、《讀賣新聞》及《產經新聞》，以及美國《華爾街日報》刊登，以使台灣自疫區除名之事實在國際社會中廣爲週知，並展現台灣疫後再出發之氣象❶。

（二）「感謝美國」廣告

感謝美國篇主要是對美國所作的宣傳，目的是對台灣在SARS期間獲得美國所提供的醫療協助表示感謝，廣告中用一名台灣的小女孩，手捧一束鮮花，廣告標題"Thank you, America- For helping Taiwan in time of need"（謝謝美國——對台灣及時的援助），直接表達台灣對美國的感謝（圖8-13）。

▲圖8-12 「援助台灣，報以微笑」廣告（2003）

▲圖8-13 感謝美國廣告（2003）

註釋

❶整理自1997年2月6日《聯合報》第6版。

❷整理自1997年2月26日《聯合報》第5版。

❸整理自1997年2月26日《聯合報》第5版。

❹整理自1997年9月27日《聯合報》第19版。

❺整理自1997年6月13日《聯合報》第19版。

❻對台灣關係法的貢獻與意義的說明摘自《中央日報》一九九九年三月二十六日社論。

❼資料來源：行政院新聞局（1999），《「台灣關係法」制定二十週年對美文宣活動計畫及目前辦理情形》、《「台灣關係法」制定二十週年對美文宣活動計畫及目前辦理情形》。

❽九二一地震資料數據摘自《聯合新聞網》。

❾資料來源：行政院新聞局（1999），《中華民國──國際人道救援台灣震災廣告──媒體計畫表》。

❿資料來源：蕃薯藤新聞1999年10月20日，「Taiwan Thanks the World」，網址：http://news.yam.com/921/international/199910/29/06506300.html。

⓫資料來源：行政院新聞局（1999）《行政院新聞局國家形象廣告觀光旅遊系列整合傳播企劃案》、《行政院新聞局「台灣依舊美麗」國家形象廣告發表會》。

⓬整理自行政院新聞局（1999）《中華民國觀光形象廣告媒體計畫表》。

⓭整理自1999年10月27日行政院新聞局第（88）建際五字第17615號函。

⓮APEC介紹摘自《中華台北APEC研究中心》網頁

http://www.tier.org.tw/ctasc/all.htm

⓯整理自《財團法人台灣醫界聯盟基金會》網站（http://www.taiwan-for-who.org.tw/chinese/index.asp）。

⓰參考自「呂秀蓮：兩岸問題台灣要爭取當主角」，《中時電子報》，二○○○年五月十九日。

⓱資料來源：行政院新聞局（2003），《「疫後再出發」 政府於美日媒體推出形象廣告》，新聞局網站，上網日期：2003年11月3日，網址：http://publish.gio.gov.tw/newsc/newsc/ 920718/92071801.html。

第九章

國家形象廣告評選與執
行：二〇〇一年個案

我國國際政治廣告係由行政院新聞局負責，根據政府相關採購法規，嚴謹甄選適當廠商承製，本章以二○○一年個案說明國家形象廣告評選與執行，該年的文宣除以往常用雜誌廣告外，尚首次使用電視廣告。

本章以得案廠商之廣告企劃案為例，除展示其原始發想創意外，亦將完稿以及後續網路文宣、公關活動、媒體運用等呈現，效果評估與結案報告之委員評論也一併臚列，以呈現國家形象廣告招標、企劃、執行之完整過程。

第一節　評選

一、公開甄選前之前置作業

依據政府採購法規定，須辦理公開招標及籌組「採購評選委員會」進行評選，因此新聞局即依法組成委員會，執行廣告甄選活動。

(一)籌組「採購評選委員會」

採購評審委員會委員七人，其中局內三人（副局長張平男、國際處處長鍾京麟、總務室主任周蓓姬）以及局外學者專家四人（台大國際學術交流中心主任徐木蘭、政治大學廣告系教授鄭自隆、英文台灣新聞社長楊憲宏、宏碁電腦公司副總經理王文燦），局外委員比率不但超過法定三分之一人數的規定，甚至還多於局內委員，顯

示新聞局執行此案並無預定立場，委員會負責辦理投標廠商之初選與複選，並決議得標廠商。

(二)擬定廣告主題

廣告主題由新聞局國際處草擬，經委員會討論修正後上網公告招標。

二○○一年國家形象廣告整合傳播執行計畫，是以「台灣新形象」為廣告主題，得案之廣告代理商所提出的企劃案應能呈現如下意涵：

1. 中華民國是二十世紀誕生的年輕國家，台灣更是一個活力充沛的美麗之島，人民有開放的心胸、堅毅的性格、聰明的才智、不懈的鬥志，因而建立我們的經濟實力。

2. 我國在自由、民主、人權上的努力，也成為華人社會的典範。尤其二○○○年五月間順利和平完成我國第一次政權交替，已充分展現一個成熟民主國家的特質。

3. 政府遷台五十年來，由於文化發展之包容力、創新性與多元化，今日台灣極具特色，希望國際社會看見中華民國的影子，聽見中華民國的聲音，感受台灣釋出的無限能量。

4. 我國高科技產業已成為全球高科技產業體系之關鍵性角色。面對知識經濟、綠色環保世紀來臨的新挑戰，我國對「資訊化、全球化、綠生活」的世界潮流已有充分認知。二十世紀將以「綠色矽島」為願景，以「知識驅動、環保優先、公義效率」為發展原則，強調技術發展將以人文為出發點，力求在生態保育與經濟發展之間取得相容的平衡點，以爭取國際社會之支持並吸引外資，以維持經貿之持續成長。

(三)擬定企劃要求與評審標準

「採購評選委員會」於二○○○年十二月三十日召開第一次委員會議，決議該案企劃要求及評審標準，投標廠商參加競標時須準備創意說明書（包含廣告主題與創意策略）、媒體計畫建議書（包括媒體策略、實施方法與步驟、執行之進度與項目期限、活動效益調查、承製案例以及活動執行小組）以及活動預算之分配表（見**表9-1**）。採購金額為新台幣四千五百萬元，含企劃、平面與電視媒介廣告製作、網路活動、全球性發稿與媒體購買，以及進行廣告效果評估。

二、評選經過與結果

此案公告日期是自二○○一年一月十二日至二月八日，為期二十八天，共計有五家廠商投標，除後來得案之長麗有限公司（長榮集團之廣告公司）外，其餘三家均為著名廣告代理商，另一家為電視台附屬之傳播公司。

採購評選委員會針對這五家廣告代理商所提出的企劃案經過初選，於二月十二日以書面審查方式選出企劃案最優廠商四家，複選為這四家廠商就其廣告創意、媒體企劃執行以及價格等項目進行三十五分鐘口頭簡報，委員們並就其報告內容提問十五分鐘。廠商發表完畢後，由評選委員會評定出序位第一者為得標廠商，承攬行政院新聞局二○○一年國家形象廣告案製作及刊播事宜。

經評選，長麗公司以整體企劃突出，且能因地制宜，依據不同地區特性做媒體規劃，媒體購買能力相對較強；創意部分能結合現代與傳統觀念，並適度表現我國人文特色及國情，符合文案需求而成為得標廠商。該案由長麗公司協理趙婷擔任專案經理。

▼表9-1 二○○一年國家形象廣告採購案企劃要求與評審標準表

一、創意說明書	廣告主題	1.提出廣告標語（Slogan，必須為英文）。 2.電視廣告分鏡稿（大綱）：製作三十秒電視分鏡稿（大綱）。 3.平面廣告稿：設計合於彩色、黑白之報刊、雜誌、海報、燈箱、網路之廣告創意稿，採用英文文案，橫式或直式刊用皆可。 4.就廣告主題意涵進行說明，並指出在宣導上可能產生之利弊得失。
	創意策略	應包含「設計理念」、「製作方法」等，以期增進國際人士對我國之瞭解與支持，達到建立我國新形象之目的。
二、媒體企劃建議書	媒體策略	敘述廣告策略所針對之目標及選擇原因，提出為特定或一般受眾而設計的媒體策略，以及媒體策略評估分析（提出具體數據）。 媒體計畫應包含「國別」、「發行（播出）地區」、「發行量（收視率、點閱率）」等。
	實施方法與步驟	提出平面、電子媒體與時程之相互搭配組合（以表列方式提出具體數據）。
	預定進度表、預定查核點及預定執行工作項目之期限	1.平面廣告：應列出預定刊登或當地國重要媒體之名稱、版次、次數以及印製折頁等。 2.電視廣告：應列出預定購買之跨國或當地國重要媒體之節目名稱、時段、檔次等。 3.其他：如網路媒體、LED電子視訊牆、受刊播媒體提供額外言論版面或時段等。
	效益調查	以量化方式瞭解廣告成效及未來擬定廣告主題方向，須包含計畫實施前預估效益，實施中、後之量化數據。
	承製案例介紹	檢附相關文件。
	廣告執行小組	投標廠商之人力配置與廠商所具備之資源。
三、價格	（預算分配）	須為含稅價格並以新台幣（元）為單位，價格包含平面及電子廣告之設計及製作、刊登或播出、執行等項目。
四、評審標準		計分方式：創意企劃以及媒體企劃各占50%，以序位第一者為得標廠商。

資料來源：行政院新聞局。

第二節　得案之企劃案內容 ❶

一、分析與定位

(一)企劃案架構

　　廣告企劃建議書中先針對目前國內外的環境進行分析，將台灣與亞洲其他國家就整體國家形象、經濟競爭力、現代化、法制程度等面向作比較，並從中找出台灣所具備的優勢，包括人民素質、經貿科技以及民主政治，從這些優勢中對台灣的「新形象」作一個定位，繼而研擬廣告傳播策略，包括目標對象的區隔、廣告媒體的運用、廣告刊播的時機、其他廣告及公關活動以及執行後廣告效益調查與評估（**圖9-1**）。

(二)國內外環境分析

　　根據《時代雜誌》（*TIME*）以及《財星雜誌》（*FORTUNE*）在二〇〇〇年十至十一月間曾提出一份有關亞洲地區國家形象之問卷，訪問的亞洲國家包含香港、澳門、中國大陸、印度、巴基斯坦、斯里蘭卡、越南、新加坡、馬來西亞、台灣、泰國、印尼、菲律賓、日本以及南韓，調查結果顯示：

　　1.整體形象：台灣第四名，次於日本、香港、新加坡。
　　2.競爭優勢：台灣第三名，次於香港、新加坡。而台灣競爭優勢在於「經貿」及「高科技」。

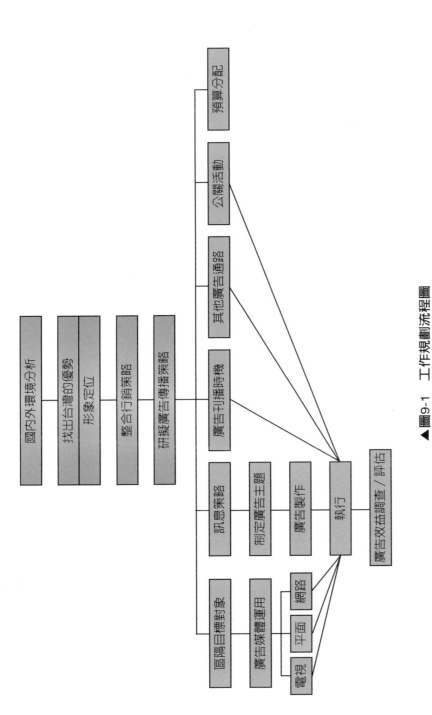

▲圖9-1　工作規劃流程圖

資料來源：長麗公司（2001）《行政院九十年度國家形象廣告統合傳播企劃案》

3.競爭弱勢：台灣第十名，其弱勢在於「觀光事業」。

4.商機：台灣第三名，次於香港、新加坡。

5.經濟成長：台灣第三名，次於中國大陸、馬來西亞。

6.現代化：台灣第四名，次於新加坡、中國大陸、馬來西亞。

7.法制程度：台灣第四名，次於新加坡、日本、香港。

8.政府效率：台灣第五名。

9.經商便利：台灣第三名，次於香港、新加坡。

10.環保：台灣第四名，次於新加坡、日本、香港。

11.吸引外資：台灣第五名。

12.基礎建設：台灣第四名，次於新加坡、日本、香港。

13.穩定的投資環境：台灣第四名，次於新加坡、日本、香港。

從上述的調查報告中，可以發現台灣在高科技、商業、投資環境以及法制程度等面向都有優異的表現，這些面向都是台灣的優勢，因此在進行形象定位時，便是從這幾個面向著手。

(三)台灣的優勢

從台灣特殊的地理環境、「新台灣人」的特殊性格（新觀念、新態度、新作法及新視野）、成熟的民主政治以及經貿發展來看，歸納出台灣的優勢，包括：

1.人民素質：台灣人民因民族性即充滿堅韌、友善、勤勉等特質外，再加上政府遷台五十年來，著力最多的即為教育，故台灣人民普遍素質高，人才或人力資源充沛。

2.經貿科技：從發展以對外貿易為主導的自由經濟，到今日國民所得超過一萬美元、外匯存底居世界第二、全球排名第十三大的貿易國，中華民國成功突破開發中國家「貧窮循環」的命運，創造舉世聞名的「台灣經濟奇蹟」，近年來更透過與

世界各國的合作，發展出多項全球第一之高科技產業，順利搭上世界產業發展之主流。

3.民主政治：民主思潮已是今日世界的主流，中華民國自一九九○年以來一連串的民主改革動作，如修訂中華民國憲法、改選國會議員，甚至是民選總統，多年來對於民主政治的努力，已與世界的價值觀完全一致，此和中國是完全不相同的。

(四)目標對象

主要目標對象為三十至五十四歲之社會菁英，包括商務決策人士、專業人士、政府官員、意見領袖以及國際事務專家學者。希望藉由廣告在其心中建立我國積極正面之良好形象，潛移默化其經貿投資決定或政治主張。次要目標對象為二十五至六十四歲之關心國際事務的人士，包括知識分子及一般民眾，這一群人通常家庭收入高、消費能力強且教育程度高，對於國際事務有某種程度的瞭解。透過廣告，在其心中建立有利我方之國際貿易或政治環境。

(五)形象定位

提案公司建議，「中華民國國家形象」定位為「勤勉、友善、聰穎的台灣人是世界舞台中不可或缺的一員」，根據此建議，傳播目標為：台灣──在世界的舞台發光發熱……。

提案公司認為，以往政府於對外宣傳時在談到國際角色的扮演上，多偏重於民主政治等層面，然事實上，今日的台灣除民主政治外，無論是在經貿、文化、學術或科技等領域，在世界的舞台上，均有傑出的表現，台灣的確扮演好世界一員的角色。此外，台灣與世界越是有各種層面密切的關聯，更能達到國際關注的效益，因此，台灣要尋求國際的支持，除了政治訴求外，確實運用多元議

題，讓世人能夠從不同的面貌瞭解台灣。

　　根據上述分析的結果，於是提出台灣新形象主題："Taiwan- Great People from a Small Island"（小國島民、巨人風範）（圖9-2）。

▲圖9-2 「小國島民、巨人風範」台灣形象 LOGO（2001）

二、策略

(一)整合傳播

　　整合傳播策略包含廣告刊播、網路行銷、公關活動、其他通路（如航空）。傳播策略運用多元的媒體，統籌電視、平面及網路媒體搭配運用，而為節省經費，同時購買同一集團跨媒體版面或時段，以獲得較為優惠之價格。為強化形象之建立，將國家形象當成品牌經營，運用廣告上強調之品牌定位，來擬定廣告主題，透過整體性的文宣策略，運用廣告、公關活動等密集出擊，使傳播效果持續累積相乘，增強閱聽人印象（圖9-3）。

(二)A案－科技與文化篇

■廣告標語

　　Taiwan- A precious resource for the world

■電視廣告

・設計理念

　　曾經Made in Taiwan是廉價商品的代言名詞，但是今天的台灣早已掙脫盜版王國的陰影，他在世界科技界的卓越貢獻無所不在。

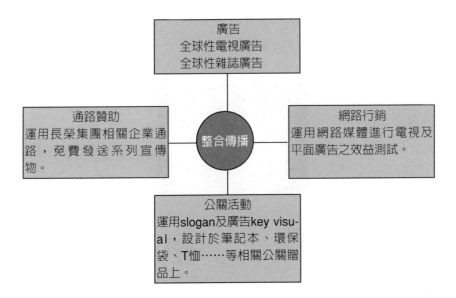

▲圖9-3　二○○一國家形象廣告計畫架構
資料來源：長麗公司。

事實證明一切，事實才能改變形象，我們用事實讓世人對台灣刮目
相看。

・製作方法

　　運用知名電影中對Made in Taiwan負面批評的情節，對稱台灣
在衛星通訊和電腦工業上的卓越貢獻，呈現對比式的衝擊點（圖9-
4：A案電視腳本I，與圖9-5 A案電視腳本II）。

■平面廣告

・設計理念

　　台灣經過數十年的努力，在科技方面創造許多世界紀錄，台灣
雖小影響卻大，就如同台灣傳統民俗技藝掌中戲一般，只要不斷長
進，一個手掌就是一個世界。

・製作方法

　　採用小西園亦宛然和吳青龍掌中劇團的布偶，以電腦合成世界

電影"致命吸引力"情節：
麥克道格拉斯在雨中，急著要撐開雨傘，偏偏雨傘故障，淋了一身溼，氣急敗壞的說：
「＊＃※
＊ "Made in Taiwan"」。

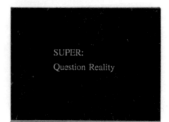

VIDEO

Ａ案.電視廣告腳本

科技與文化篇-1

AUDIO

1.

▲圖9-4　A案電視腳本I

VIDEO

AUDIO

鏡頭由一台傘狀
的衛星接收器拉
開。

SUPER:
1991, Iraq
Inmarsat "Umbrella" tele-
phone by Mobile
Telesystems, Inc.
Developed in Taiwan

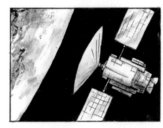

一個人造衛星在
太空中，飛過地球
上方，由遠而近。

現代化都會經由
高空俯瞰而下。

在一片荒漠上，看
到無數的小傘。
（衛星接受器，不
同的人正在使
用，大遠景俯視）

2.

▲（續）圖9-4　A案電視腳本I

VIDEO   AUDIO

Taiwan
A precious resource for the world

TODAY'S
TAIWAN
REPUBLIC
OF CHINA
http://www.gio.gov.tw

3.

▲（續）圖9-4　A案電視腳本I

A 案. 電視廣告腳本

VIDEO

科技與文化篇-2

AUDIO

電影"世界末日"
情節：
蘇聯太空人在最
危急生命攸關當
頭，太空船受創，
機件故障，無法逃
離，他面對眼前的
機件，又急又氣破
口大罵：「蘇聯機
件、美國機件，全
都是 "Made in
Taiwan"」。

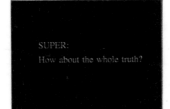

1.

▲圖9-5　A案電視腳本Ⅱ

VIDEO

AUDIO

太空艙門突然關上。

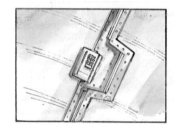

再開啟時，場景改變，一位高科技技術人員走入另一個空間。

SUPER:
TMSC, Hsinchu Science-Based Industrial Park, Taiwan
World's top producer of semiconductor wafers

透過一面反射鏡子，看到一群全身著白衣輕淨的科技人員，場景彷彿IC晶圓製造中心。

OS:
From cell phones to satellites, the high tech industry demands a well-educated workforce, exceptional ingenuity, and meticulous attention to detail, just the qualities that have made technology from Taiwan a key component around the world.

鏡頭逐次拉開，看到這群人在一大電路主機板上。

2.

▲（續）圖9-5　A案電視腳本 II

VIDEO   AUDIO

Taiwan
A precious resource for the world

3.

▲（續）圖9-5　A案電視腳本Ⅱ

◀圖9-6　「戲偶I」草圖
（2001）

▲圖9-7　「戲偶II」草圖（2001）

◀圖9-8　「戲偶III」草圖（2001）

知名的台灣科技製品，呈現今古輝映相得益彰的文化特質（圖9-6、圖9-7、圖9-8）。

(三)B案－台灣精神篇

■廣告標語

Taiwanese- Great people from a small island

■電視廣告

‧設計理念

此時此刻台灣人在世界各個角落在做什麼呢？不論在哪裏，你可以很輕易地認出誰是台灣人，因爲勤奮就寫在他們的臉上，台灣人，你是小島上的大人物。

‧製作方法

整支廣告，計畫邀請代表台灣生命力的人，飾演片中老人的角色，以半紀錄片的方式拍攝世界各地台灣人的生活片段，預計以北美及歐洲爲主要拍攝國家（圖9-9）。

■平面廣告

‧設計理念

東方人對於自身的成就，常因謙遜的性格甚少主動提出，然而這麼多年來台灣人在世界的突出表現，實在足以提出，讓世人更進一步地認識我們。

‧製作方法

以「科學家丁肇中」、「喜馬拉雅山成功登峰者」及「慈濟國際義行」等三個能展現台灣人在智慧、意志以及愛等意涵之感人小故事，傳達出來自A Small Island（台灣）之Great People鮮明之台灣精神（圖9-10、圖9-11、圖9-12）。

B案.電視廣告腳本

VIDEO　　　　台灣精神篇　　　　AUDIO

清晨五點俯視甦醒
的台北，一切都是那
麼充滿活力，猶如蓄
勢待發的龍

At this moment,
what are Taiwanese
people creating
around the world?

美麗的台北，高聳的
大樓映著蔚藍的天
空

雖然像風一樣來去
匆匆，但他們的腳步
卻是踏實的

勤奮工作的台灣子
民永不放棄任何成
功的機會

不管在任何的環境
裡，都可看到台灣人
們努力的完成自己
的使命

▲圖9-9　B案電視腳本

VIDEO　　　　　　　　　　　　　　　**AUDIO**

不管任何時刻任何
地點，台灣人們都不
忘自己的工作

品質與效率是台灣
人們所追求與注重
的

對於工作中每一個細
節，台灣人們都具細
靡靡的研究，希望讓
工作達到最好的狀態

和諧、親切、認真的
台灣生命活力

高聳的商場，世界經
濟的動脈

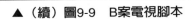

▲（續）圖9-9　B案電視腳本

VIDEO   AUDIO

繁華的商場，愉悅的
消費人群

年輕、活力、無限希
望

追求世界流行脈
動，促進經濟成長

各地不同的人文風
情，令我身受感動

願與世界分享所有
成功的一切

▲（續）圖9-9　B案電視腳本

VIDEO   AUDIO

據足台灣，關懷世界
藉由科技的發展，讓
世界更加靠近

豐富的資源，等待你
我共同的開起

美麗熱情的台灣姑
娘，熱烈的歡迎世界
各地的人

不斷地省思、不斷地
求完美是台灣進步
的動力

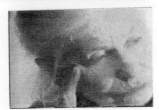

▲（續）圖9-9　B案電視腳本

VIDEO

AUDIO

親切甜美的舞者,舞動著媚人的身軀,展現迷人的風采

具有年輕、活力的生命,努力呈現出台灣獨特舞姿所具有的力與美

獨特的台灣風情–野台劇,代表台灣傳統文化的藝術

天真無邪的兒童,開心看著獨特的台灣風情–野台劇,傳達文化的傳承

炫耀的煙火,慶祝光耀的國慶

▲(續)圖9-9　B案電視腳本

VIDEO

AUDIO

炫目的舞台，動感的
表演，將所有人緊密
結合在一起

活潑可愛的兒童，臉
上充滿幸福洋溢的
笑容，傳遞安定及美
滿的生活

炫爛的煙火，亮出臺
灣人們的喜樂與驕
傲

年輕、活力、希望，
這是我的舞台

Taiwanese
Great people from a small island

6.

▲（續）圖9-9　B案電視腳本

平面廣告 B 案 台灣精神系列 3-1 智慧篇

▼圖9-10 「丁肇中篇」
草圖（2001）

B 案 台灣精神系列 3-2 意志力篇

▲圖9-11 「喜瑪拉雅山篇」草圖
（2001）

B 案 台灣精神系列 3-3 大愛篇

▼圖9-12 「慈濟篇」
草圖（2001）

（四）網路廣告

■製作目的

透過網路廣告傳達台灣新形象，並設計問卷以測試廣告效果，活動中設有贈送機票遊台灣或布袋戲偶之回饋以提高點選率。

■活動辦法

於網路看台灣新形象之電視與平面廣告，並填寫問卷及基本資料，就有機會參與機票抽獎或免費獲得布袋戲偶，獲得旅遊台灣之機會。

■ 架構

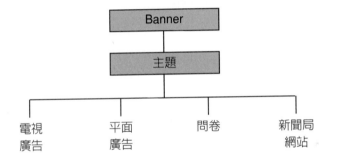

第三節　製作與執行

一、計畫修正

針對得案公司之企劃案，採購委員會做成如下之修正意見：

A、B兩個提案皆饒富創意。A案在廣告播出的第一時間衝擊性強，閱聽大眾容易接受訊息，製作時間較符合本案需求；惟先以負

面形象陳述，再用正面形象予以扳正，容易引人做選擇性理解。B案在表現「台灣精神」這個主題上，整體架構已形成；惟分鏡過多，導演掌鏡難度頗高，且所需製作時間較長。為使廣告作品能及時於總統就職週年刊播，在綜合考量下，宜採用A案，惟內容酌做調整：在電視廣告部分，先陳述我國以往對全球科技發展的貢獻，然後再就全球市場有突出產能表現之高科技產品予以著墨，以強化閱聽大眾對我國之正面形象；在平面廣告部分，採用科技與文化系列「悟空篇」及「關公篇」。

雖然委員會建議A案電視廣告不宜以負面形象切入，但後來仍接受此案創意總監范可欽之意見，以電影「致命吸引力」一景，對台灣製造的雨傘的負面批評做為電視廣告的開場。

二、執行架構

傳播活動時間分為兩個階段，第一波是選在陳水扁總統就職一週年（五月二十日至六月十五日），第二波則是選在雙十國慶前後（十月八日至十月二十一日），選擇這兩個時機是希望配合國外媒體對台灣的相關報導，提出國家形象廣告文宣以加深外國人士對台灣之印象。經略修正計畫架構後，執行架構見**圖**9-13。

三、製作物

（一）平面廣告

在平面廣告部分，共設計兩幅廣告「關公篇」以及「孫悟空」篇，以「科技」與「文化」的結合作為新台灣形象。平面廣告第一篇「科技與文化系列──關公篇」（如**圖**9-14所示），廣告標題為

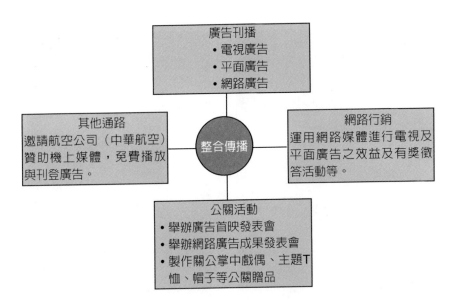

▲圖9-13　二○○一國家形象廣告執行架構
資料來源：長麗公司。

"Passion, Dynamism, Assuredness- Always at Hand "（活力、熱情、自信，盡在掌中），廣告以一個中國傳統關公木偶手持掌上型電腦（personal digital assistant，簡稱PDA）為主體。藉由古代關公夜讀春秋，而今日手中拿的是PDA，融合古典與現代科技。另一則廣告「科技與文化系列──悟空篇」（圖9-15所示），廣告標題 "Today's Taiwan- Shaping the Communications Revolution"（今日台灣，驅動著全球新一波的通訊革命），廣告亦是以孫悟空戲偶持手機為主體。在古代的孫悟空手中握的是金箍棒，如今是拿手機，以古今交錯對比，點出台灣在新科技領域裏扮演著不可或缺的角色。台灣經過數十年的努力，在科技方面創造許多紀錄，台灣雖小影響卻大，就如同台灣傳統民俗技藝掌中戲一般，只要不斷長進，一個手掌就是一個世界。

▲圖9-14 「關公與PDA」廣告（2001）

▲圖9-15 「孫悟空與手機」廣告（2001）

（二）電視廣告

■創意發想

　　台灣歷經數十年的經濟發展，早期靠著廉價的勞工成本，發展勞力密集、低附加價值的產品行銷全球，創造了台灣經濟奇蹟。由於仰賴的是較低層次的消費市場，使得國外消費者產生「台灣製造的產品屬於廉價品」的刻板印象。而隨著國內經濟的高度成長，我國企業開始致力於生產高品質、高附加價值的產品，然而卻發現台灣產品在國際市場仍存有過去的負面形象。電視廣告的設計理念來自於擺脫台灣生產劣質產品的惡名開始，過去Made in Taiwan 是廉價商品的代名詞，但是今天的台灣早已掙脫盜版王國的陰影，台灣在世界科技界的卓越貢獻無所不在，以事實證明，以事實改變形象，用事實讓世人對台灣刮目相看。

■廣告製作

　　本廣告由「希望工程」廣告製片公司負責製作，導演陳宏一，攝影侯正強，製片賴怡安，後製由利達亞太公司負責，從拍攝前會議（Pre-Production Meeting, PPM）至B拷貝完成約一個月，其中仿好萊塢電影「致命吸引力」片中諷刺台灣製雨傘在大雨中打不開的一幕，係搭景重拍，並遠至屏東縣滿州鄉九棚「沙漠」出外景。

■廣告呈現

　　這支三十秒的廣告片，畫面中出現一齣十四年前好萊塢電影「致命吸引力」情節中的對白，諷刺台灣製的雨傘在大雨中打不開，旁白則說明今日台灣已非如此；如今台灣製造全世界的通訊產品，從手機、筆記電腦、個人數位處理器到衛星通訊傘，台灣已展現全然不同於以往的高科技專業。廣告中採取對比的手法，透過強調近年我國在高科技產品方面的研發產製，傳達我國人創新求變、精益求精的台灣精神，電視廣告表現如下：

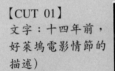

【CUT 01】
文字：十四年前，好萊塢電影情節的描述）

【CUT 02】
（一名男子在雨中試圖將傘打開，結果傘一開就壞，男子大叫 Made in Taiwan！）

【CUT 03】
字幕：是事實？還是虛構？

【CUT 04】
旁白：事情絕非如此

【CUT 05】
（畫面溶入台灣研發的衛星通訊傘）
旁白：十年前，台灣研發了一把完全不同的傘。

【CUT 06】

【CUT 07】
旁白：從沙漠也可傳遞消息至全世界

【CUT 08】
旁白：全球通訊革命
於是展開。

【CUT 09】
旁白：今日台灣所貢
獻的創意、巧思與智
慧是促進人類溝通更
優遊自在所不可或缺
的關鍵。

【CUT 10】
旁白及字幕：台灣－
小島國民、巨人風範

英文旁白：

Truth? or fiction?

Things aren't always what they seem to be.

A decade ago, a little "umbrella" opened, and a global telecommunications revolution began raining down on the world.

Today, Taiwan's ingenuity resourcefulness, and innovation are reshaping advanced global telecommunications.

Taiwan, Great people from a small island.

　　腳本中的ending畫面原有出現我國國民與國旗，但托播之三家電視頻道CNN、BBC及CNBC中僅CNBC同意播出全部廣告內容

（含我國國名及國旗畫面）。在歐洲部分CNN與BBC WORLD 經依英國獨立電視委員會ITC（Interdependent Television Commission）審查慣例評估，認為我方提供之廣告腳本片尾呈現之我國及國旗畫面，涉高政治敏感度，將無法通過ITC審查，擬婉拒接受本案。在亞洲及美國地區，CNN原同意播出全部廣告內容（含我國國名及國旗畫面），惟當時值美國與中國軍機擦撞事件敏感時期，因此CNN美國亞特蘭大總部亦決議，不宜播出我國國名及國旗畫面，最後決議只出現LOGO及口號（Great People from a Small Island）。

（三）公關贈品

公關贈品有配合平面廣告表現的「關公」布袋戲偶（**圖9-16**），由於價格較昂貴，因此僅做為網路抽獎贈品，並另贈送參與記者會之貴賓，另外繡有此次LOGO之帽子（**圖9-17**）與T恤則較大量贈送。

（四）媒體運用

媒體選擇部分，不論是平面媒體、電視媒體或是網路媒體係選擇同一集團跨媒體的版面或時段，目的是希望以最優惠的價格爭取到最多的播放次數，使用的媒體包括：國際性刊物（*Time*、*Newsweek*、*Asia Week*）、全球性商業網路媒體（CNN.com、Economist.com、CNBCAsia.com）以及國際性電視媒體（CNN、CNN Airport、CNN International、CNBC）。至於網路活動的設計，目的是希望擴大電視與平面媒體的宣傳，因此製作線上欣賞電視國家形象廣告以及平面廣告之桌面下載，並以線上有獎徵答活動進行線上廣告效益評估。

■電視

在電視媒體方面，電視廣告在美國地區於CNN（含一般節目、

▲圖9-16　公關贈品──「關公」布袋
　　戲偶（2001）

▲圖9-17　公關贈品──帽子（2001）

頭條新聞、財經消息及各機場）播出一百六十九檔；歐洲地區於BBC WORLD（含歐洲、亞洲）播出三百六十八檔；至於亞太地區（包含中亞、日本、台灣、澳洲）則是在CNN ASIA中播出三百零五檔的電視廣告，電視媒體的費用占全部的71.96％。其中歐洲之BBC WORLD並於二○○一年六月製作「台灣特輯」，並提供多檔時段播出廣告。

　　CNN的廣告在十月八日至二十九日播出，其間恰逢美國開始對阿富汗展開軍事行動，且美國本土發生造成民眾恐慌的炭疽熱信函恐怖攻擊事件，使得頻道收視率暴增，據美國《The New Yorker雜誌》十月二十九日的報導指出，美國有線電視新聞網CNN在美阿戰爭開打後，其收視率觀眾由平常的六十萬至八十萬人，激增至三百萬人，連帶也提升此次電視廣告效益。

■雜誌

　　平面廣告於美國《時代雜誌》（TIME）、《新聞週刊》（NEWS WEEK）、《歐洲經濟學人》（The Economist）以及《亞洲週刊》（ASIA WEEK）共計刊登八次，其中《時代雜誌》將免費加印三千份，並代寄送美、歐重要官員，平面媒體的費用占總預算23.49％。

■網路

　　網路媒體的選擇包括CNN.com、Economist.com、CNBCAsia.com，實際之廣告總曝光次數為3,034,671次，表示在網路廣告活動期間內，已接觸到3,034,671人次。而整體網路廣告平均點選率為0.62％，高於一般網路廣告之平均點選率0.3％，更高於一般商業性網站之平均廣告點選率0.1％，網路媒體的費用占全部預算4.55％。

（五）網路活動

　　除了電視廣告、平面廣告的刊播，並在CNN等網站上刊登橫幅

廣告擴大電視與平面媒體的宣傳，並設計一系列網路活動。利用WWW網路媒體之全球性與互動性，將台灣的新形象以網路向世界擴散出去，網路活動包括提供線上欣賞電視廣告、免費下載螢幕保護程式以及平面廣告之桌面下載以及有獎徵答活動。利用有獎徵答中的問卷進行廣告效益評估，以贈送機票遊台灣或布袋戲偶之方式吸引讀者提高點選率。有獎徵答活動目標對象是二十五至六十四歲關心國際事務人士，活動期間為二○○一年五月二十日至六月二十日，活動網址為www.gio.gov.tw/taiwan-website/ad2001，入口網站上所展示的橫幅標語（Banner）為"Your life would not be the same without me！"（有了我你的生活將會有所不同）。

（六）媒體公關──記者會

為凸顯國家形象廣告的新氣象，並營造廣告推出前之聲勢，五月十八日上午十點於行政院新聞局新聞中心舉行「九十年度國家形象廣告案」發表記者會，會後於接待中心舉行酒會。

記者會中，當時新聞局長蘇正平表示，近幾十年全球通訊革命我們躬逢其盛，在這個領域裏我們努力付出，是台灣傲人的成就之一。這個廣告同時提醒全世界，其實「台灣」就在各地每個人的生活裏，一個不斷進步的台灣，把改良品種的高科技果實與所有國際的友人分享，台灣早已是國際分工網絡中的一個不可或缺的「貢獻者」。

蘇正平提到廣告雖只有三十秒，但所要傳達的意念卻有多個層次，初次觀看的觀眾至少會對片尾那個簡短訴求Taiwan- Great People from a Small Island留下印象，有心的觀眾則可以體會到台灣精益求精、力爭上游實力不容忽視的一面；廣告每一次播出都將帶給觀眾更深一層的訊息；整體文宣理念並將與其他網路及印刷媒體相互搭配呈現一種有系統的擴充延伸。另外廣告本身的創意構思、

精緻的質感、引人入勝的聲光效果也同時展現出國人廣告製作的國際水準❷。

第四節　廣告效果調查與評估

一、廣告效果

（一）電視廣告

美國CNN第一波執行效果CPM（Cost Per Thousand，每千人成本）為11.75美元，第二波執行效果CPM 為12.65美元，廣告到達人數（Gross Impression）為33,765,000人。

（二）平面廣告

美國部分執行效果CPM為11.28美元，歐洲部分執行效果CPM為13.35美元，亞洲部分執行效果CPM為22.08美元，廣告到達人數為1,390,917人❸。

三、網路廣告效果調查

網路點選率有3,034,671人次，廣告購買每千人成本（CPM）為16.14美元。

線上調查時間為二○○一年五月二十日至六月二十日，回答問卷有效樣本數有1692人，在性別比例方面，男性共有971人，占總樣本數59％；女性則有687人，占41％。在年齡層分布方面，二十

至三十歲的人數最多，占總樣本32％，其次是三十一至四十歲，占28％，四十一至五十歲則占19％，二十歲以下的測試者有9％，五十一至六十歲以及六十歲以上則有12％的比例。在測試者的教育程度分布方面，學院、大學及大學以上教育程度的測試者占71％，專科與高中職則有20％，高中程度以下僅有9％。至於居住地區分布，北美洲的測試者最多，占43％，其次是亞洲，有30％，歐洲有15％，其餘的南美洲、非洲、大洋洲則有12％❹。

　　線上調查結果顯示，對這次國家形象廣告之偏好，有九百八十三位的測試者表示非常喜歡，五百七十五位表示喜歡，一百一十六位覺得普通，不喜歡以及非常不喜歡此次國家形象廣告的僅有十八位，高達92％的受訪者偏好此廣告。而對台灣「多元化」國家形象之認同指數達8.52；對台灣「高科技」國家形象之認同指數達8.99；對台灣「親切友善」國家形象之認同指數達8.81；對台灣「現代化」國家形象之認同指數達8.99；對台灣「充滿活力」國家形象之認同指數達8.96❺。

二、焦點團體座談

　　除量化的調查外，長麗公司亦對長榮航空的外籍機師十五人，針對台灣形象作質化的焦點團體座談（focus group discussion, FGD）調查。

　　調查結果發現，在平面廣告方面──

1.大部分受訪者都接收到廣告所要強調的台灣的高科技國家形象，或高科技製造中心等等。
2.多數人對於平面廣告的主題 "The Great people from a small island" 的主題標語表示相當吸引人。

227

3.但有人指出，覺得廣告中所運用之傳統布偶與中國無法明顯區隔。

在電視廣告方面——

1.大部分受訪者都瞭解廣告所要傳遞的主要訊息是台灣已經改變，從過去的廉價或不值得信賴的產品製造者成爲現今是高科技／高品質產品的生產國。
2.但也有人指出，覺得廣告受限於三十秒的長度，節奏太快，無法讓人完全瞭解所有內容。

三、委員會討論與效果評估

在活動執行後，採購評審委員會遂進行事後的檢討，對於此次的活動提出以下的批評與建議。

評審委員A：針對長榮航空外籍機師所做的「質化調查」部分，宜在抽樣上多下工夫，挑選對台灣充分瞭解、本身具多元觀感的外籍人士爲佳，而所做出來的分析報告也較爲精確。而本活動質化調查結果與外貿協會極力倡導的創新價值（innovalue）❻及觀光局委託輔仁大學在中正、小港機場對來台外籍人士所做調查結果，有些是不謀而合的，外籍人士對台灣的印象是：台灣的人情味、夜生活、高科技產業及人民勤奮，因此各行政單位可針對這些方面做協調、整合，合力塑造我國國際形象。

評審委員B：針對電視廣告提出建議，他認爲電視廣告傳遞的訊息、標語都不錯，惟電視腳本、製作方法有待加強，廣告片整體呈現色調太暗，讓人有不愉快的感覺，三十秒呈現的內容過多、節奏太快，使全片的焦點分散，應予改進。因此他建議往後電視廣告的製作除尊重廣告公司的創意及專業性外，行政院新聞局應強力主

導，以確保製作品質。

評審委員C：從媒體（media）、訊息（message）、經費（money）提出建議。他認為本案的媒體企劃很不錯，在媒體的選擇、經費分配以及電視、平面媒體刊播比例也很適當。至於內容，平面廣告部分，創意十足，惟「木偶」（關公、孫悟空）未能將台灣與中國作明顯區隔；在電視廣告方面，整體表現缺乏「人」的因素，而使「高科技」為主要訴求。另外，導演在掌鏡時，過於注重場面及特效技巧，導致製作費用偏高；在網路效果調查方面，應以「台灣整體的印象」為調查主題，來取代「廣告給人的印象」較為適當。

評審委員D：認為廣告經費過少，廣告刊播量不足，在短時間內很難測出廣告效果，但也不能因此放棄增加國際能見度的機會。如能將行政院新聞局、觀光局及外貿協會的廣告經費做有效統合及資源共享，必能達到相當的傳播效果。

他並對未來國家形象廣告製作提出三點建議：一致（consistency）、關聯（relevancy）、區分（differentiation）。電視、平面廣告內容應具一致性，整體廣告效果才會強烈，並得以延伸至網路等其他媒體；建議行政院新聞局與相關單位共同「定位」台灣（例如：科技、美食）來做文宣，聯合其他相關單位找出台灣與國際社會密切相關的著力點、區隔台灣與中國大陸的差異來做廣告 ❼。

從上述的個案討論，可以發現我國國家形象廣告之製作已轉變為商業廣告的作法，不再是單純的平面廣告的製作與刊播，而是從形象定位、廣告策略的研擬、電視廣告與平面廣告的製作、媒體計畫的執行以及廣告的效果調查等，都經由專業的方式來完成。

註釋

❶本節資料整理自長麗公司《行政院新聞局「九十年度國家形象廣告」企劃案》。

❷資料來源：《自由時報》，二〇〇一年五月十八日。

❸電視與平面廣告執行效果數據摘自行政院新聞局二〇〇二年一月七日正際五字第0910000099號函〈本局九十年度國家形象廣告案工作績效報告暨相關資料〉。

❹網路廣告效果調查數據與焦點團體座談資料均取自長麗公司結案簡報資料（二〇〇一年十一月十二日）。

❺有關長麗公司整合傳播案之內容，係參考行政院行政院新聞局（2001）《「九十年度國家形象廣告」統合傳播企劃案》，《行政院行政院新聞局「九十年度國家形象廣告」媒體企劃建議案》，《九十年國家形象廣告案工作績效報告暨相關資料》。

❻「全面提昇產品形象計畫」是經濟部的重點計畫。該計畫多年來致力提升台灣產品及產業的國際形象，從「研發創新」、「設計與創新」、「品質系統」、「市場」及「品牌認知」等各重要領域去突破，在品牌價值鏈的概念下整合企業各部門資源，創造出產品獨一無二的「創新價值」（innovalue）。「台灣精品」標誌的評選即為該計畫項下的重點工作，透過「研發創新」、「設計與創新」、「品質系統」、「市場」及「品牌認知」五項標準，遴選出各類產品之佼佼者，頒授「台灣精品標誌」作為台灣優良產品之共同品牌。

❼資料來源：行政院新聞局（2001），《「國家形象廣告案」諮詢會議記錄》。評審委員意見，本書改以代號呈現。

第十章

結　論

廣告反應社會變遷，不同的時代會有不同的廣告表現，我國歷經威權而民主、貧乏而富裕，這些社會因素的變化也反應在政府的國際廣告上，四十年來台灣國際政治廣告從文字敘述轉為圖像敘述，從中國意象轉為台灣意象，議題論述多於形象廣告，經濟訴求由「經貿」而「科技」，政治訴求亦由「反共」而「民主」。

以「台灣品牌」指標檢驗，我國國際政治廣告應使用長文案告知台灣基本資訊，訊息應與「中國」符號明確區隔，並強調台灣對國際社會的貢獻，以爭取同情或贏得尊敬，此外傳播訊息應長期維持固定調性，以建構對台灣的獨特認知。

第一節　趨勢與演變

從歷年的中華民國（台灣）政府國際政治廣告可以發現有五種轉變，包括從文字敘述轉為以圖像敘述，從中國意象轉為台灣意象，議題式廣告多於形象廣告，以及「經濟」與「政治」訴求皆因時代不同而有所轉變。

一、廣告內容由「文字」而「圖像」

一九七三年的 "A Case of Free China" 是我國的第一個形象廣告，此系列廣告完全以文字敘述塑造我國形象。一九八七年 "We Buy American" 系列廣告，則是首度運用圖像的方式表達訴求，近年來更逐漸變為以「圖為主、文為輔」。

文字與圖像應相輔相成，文字為理性媒介，圖像為感性媒介，

Taiwan

以圖像吸引閱聽人觀看，再以文字說服之，只有單純的圖像不足以構成說服條件。因此，戶外燈箱廣告，以圖像爲主，這是合適的，但報紙與雜誌就必須佐以適當的文字說明，方能發揮說服的功能。

二、政治符號由「中國」而「台灣」

早期台灣是以「反共抗俄」、「中國的正統」以及「美國堅定盟友」自我定位，對外宣傳自稱「中華民國」或「自由中國」（以突顯「共產中國」或「紅色中國」）。蔣經國時代，即使國際局勢的轉變，一連串的外交挫敗使我國在國際間處於更艱困狀態，但依然以中華民國爲中國之正統自居，對外的宣傳也以中國固有文化作爲號召。

李登輝執政後，新聞局開始以"Today's Taiwan- The Republic of China"作爲LOGO標誌，以「台灣」二字與中華人民共和國作區隔，在內容的表現上也逐漸展現出台灣意識，像是一九九三年「蝴蝶的蛻變篇」，用台灣特有的蝴蝶向世人展現台灣歷經「寧靜革命」成爲民主、平等、自由的國家，宣揚台灣民主憲政的成果。

李登輝執政後期，台灣意識已成爲主流，因此國際文宣逐漸以「台灣」爲名發聲，一九九八年國家形象廣告的標題開始出現「台灣」，"Taiwan's Democracy Gets Its Wings"（台灣的民主已獲得美好的成果），廣告以蝴蝶代表台灣，二〇〇〇年政黨輪替後，廣告標題更大量出現台灣，二〇〇〇年「綠色矽島篇」標題爲"Web Surfer's Delight- Taiwan, The Green Silicon island- Makes It Possible"（台灣，在網路浪潮中將致力成爲數位化的綠色矽島），二〇〇一年廣告「孫悟空與手機」，標題"Today's Taiwan- Shaping the Communications Revolution"（今日台灣，驅動著全球通訊革命），畫面出現孫悟空戲偶手持手機。二〇〇三年更以"Miss Taiwan"爲

主角，標題"Discover the allure of Taiwan- There's so much than trade and technology"（發現台灣貿易與科技之外的魅力），二〇〇四年以台北101大樓爲畫面，標題爲"Taiwan Stands Tall"（台灣亭亭玉立）。

此外在參與聯合國與WHO的廣告，也都以「台灣」爲主體做爲訴求，二〇〇四年的參與聯合國廣告，更明確出現台灣與中國的對比，"Authoritarian China ≠ Democratic Taiwan"（威權中國不能代表民主台灣），文案是"China claims to represent Taiwan at the United States. But does it have that right? Taiwan's 23 million people deserve their own voice."（中國宣稱在聯合國代替台灣，它怎有此權利？台灣二千三百萬人需要有自己的聲音）。

三、廣告主題由「形象」而「議題」

形象廣告是早期國際文宣的重點，如一九七三年"The Case of Free China"，一九九二年的「台灣的生命力」系列廣告，以朱銘的雕刻、中國功夫、慈濟功德會等不同面向來呈現台灣生命力；一九九三年「蝴蝶的蛻變」展現我國民主憲政的發展，以「寧靜革命」作爲訴求，均屬形象廣告；而近期如一九九八年"A Vote for the Future"（讓下一代的孩子繼續投票）、"Connected to the 21st Century"（與二十一世紀連結）、"Taiwan's Democracy Gets Its Wings"（台灣的民主已獲得美好的成果）系列廣告，二〇〇〇年「綠色矽島」，二〇〇一年「關公」、「孫悟空」，二〇〇三年"Miss Taiwan"，二〇〇四年「台北101大樓」等亦是以國家形象做爲訴求。

議題廣告在早期不是國際文宣的著力點，一九八七年所推出的"We Buy America"系列廣告，展現平衡台美貿易誠意，是極罕見

的議題廣告，但近期議題廣告已逐漸成爲重點，例如一九九七年的
「台灣彌猴篇」廣告，因應外國對我保育工作上的批評所作的澄清，
一九九三年起的加入聯合國廣告，二○○二年起的加入WHO廣告，
二○○四年奧運廣告。此外，針對台灣發生的特殊事件所製作廣告
亦屬議題廣告，如九二一地震後的感謝廣告，二○○三年後SARS
期間廣告等均屬議題式廣告。

　　事實上形象的塑造不能單由廣告來完成，台灣民衆對美國形象
的形成，也不是閱讀美國政府的廣告，而是經由留學、旅遊、美國
電視影集、好萊塢電影，由點而面建構而成，因此近年來台灣政府
集中經費以訴求議題是正確的轉變。

四、經濟訴求由「經貿」而「科技」

　　歷年的國家形象廣告中，多呈現出台灣經濟發達的形象。但從
七○年代至今，所強調的內涵卻有所不同。在七○年代，強調的是
台灣的製造業發達以及工業繁榮，"Made in Taiwan"的產品行銷
海外，享譽全世界；八○年代，則是以維持台美良好的貿易關係爲
主軸，像是一九八七年所製作的"We Buy American"系列廣告，
不但清楚地說明政府對於台美貿易所作的努力，更進一步地鼓勵美
國商人來台投資；到了九○年代，由於累積十餘年經濟進步的成
果，因此在經濟訴求上不但強調台灣成功的經驗典範可當作東南亞
國家學習的典範，更指出台灣從亞洲金融風暴中得以迅速恢復可成
爲亞太地區經濟的安定力量，此一時期宣傳的視野已從美國拓展至
亞太區域。

　　而在九○年代後期，台灣產業轉型爲以高科技主體之產業，所
生產之晶圓、科技產品更是暢銷全球，因此在經濟訴求上則呈現我
國科技對於世界的貢獻，從一九九八年的"A Vote for the Future"

系列廣告中就開始強調台灣高科技產業對於世界通訊、電信、電腦的貢獻，二〇〇〇年以後更是以「科技」作為宣傳的主訴求，如二〇〇〇年「綠色矽島篇」，二〇〇一年「關公」、「孫悟空」，二〇〇三年「Miss Taiwan篇」均以科技做為主軸。

五、政治訴求由「反共」而「民主」

「政治」訴求也因時代之不同而有所變化。在解嚴之前，台灣在政治訴求所表達的內涵主要是呈現民主社會與共產實驗社會的不同，以台灣的人民擁有選舉權以及居住、宗教等自由的「自由中國」社會，對照社會主義統治下的「紅色中國」。

而八〇年代末期，戒嚴令的廢除以及一連串政治憲政改革，台灣逐漸朝民主道路進展，於是以「寧靜革命」宣揚台灣過去四十年來經歷一場沒有暴力流血衝突的和平改革。接著因應外交政策的轉變，以加入國際組織（關貿協定、WTO、WHO、聯合國）為主訴求（鄭自隆，2003；林家暉，2004）。

第二節 「台灣品牌」指標檢驗

從第一章第三節的「『台灣』品牌知識建構評估指標」來思考我國政府國際政治廣告與議題廣告是否有助於建構「台灣」國家品牌知識，可以形成如下的建議：

一、應使用長文案告知台灣基本資訊

所謂基本認知是建構品牌知覺的基礎，台灣在世界體系中並非

強權國家，一般外國人對台灣並沒有基本認識，甚至會與「泰國」混淆，因此廣告中必須告知閱聽人台灣的基本資訊，如地理位置、人口、政治、社會及經貿或科技狀況等。

早期（一九七二年）的"The Case of Free China"就是典型建構對台灣基本認知的廣告，從台灣經濟、對美貿易、土地改革、媒體狀況，一直介紹到教育、文化、宗教。近期的廣告則傾向短文案，甚至討論議題（如加入聯合國），都是短短數行文案，無法告知基本資訊或充分討論議題。

奧美廣告公司創辦人David Ogilvy曾說，長的文案會讓消費者覺得是在告知一個重要的訊息，告訴讀者越多的事實，就賣得更多。而且就他經驗來說。「長的文案比短的文案更具銷售力」❶，論點（argument）充分告知，會比口號式的短文案來得有效。

二、應有象徵物（Symbol）

早期的廣告常以抽象的「中華文化」作爲台灣象徵，九〇年代初期也有使用「雲門舞集」、「朱銘雕刻」或「蝴蝶」作爲象徵物，九〇年代末期則訴求「科技」。二〇〇四年使用世界最高的台北101大樓，以象徵台灣經濟成就。

爲累積一致的品牌知識，找出一個適當象徵物，並長期使用，絕對有其必要，新聞局爲「找」出象徵物，曾於二〇〇四年舉辦「國家形象識別系統與廣告製作推廣活動」採購案，包含BBDO黃禾等四家廣告公司進入複選，也順利選出BBDO黃禾爲第一名，但因對象徵物的代表性期望有全國共識，因此轉變爲先進行國內的選拔活動。其實所謂「象徵物」只要適當，就無所謂好壞，適當且能長期使用就是好的「象徵物」。

三、應與「中國」符號明確區隔

兩蔣時代國際文宣常強調「中華五千年文化」，說自己是Chinese，訴求「統一」或出現中國古文物，這些訊息均易與中國產生混淆，使台灣淪為中國附庸。早期廣告所謂的 "Free China"，係堅持正朔，並和中華人民共和國搶奪「中國」招牌與正統，但自一九七一年聯合國決議，驅逐蔣介石代表，將中國席次交予中華人民共和國後，中華民國的國際人格已被中華人民共和國繼承，因此台灣政府廣告再出現「中華民國」符號已無意義，甚至容易與「中國」產生混淆。因此目前使用的LOGO——Today's Taiwan , the Republic of China並不適當，似應直接改為「台灣」，與「中國」明確區隔。

四、應強調台灣對國際社會的貢獻

早期的廣告強調台灣在世界經貿體系中的角色，近期的廣告則訴求台灣科技商品對世界的影響（如一九九八年「滑鼠」篇，二〇〇一年「關公」篇與「孫悟空」篇），都是讓廣告閱聽人的「利益」與「台灣」有所連結。事實上，除經貿角色與科技產品外，台灣在國際災變中的捐輸，以及台灣欲積極參與國際活動的企圖均可以在廣告中呈現。

五、應爭取同情與贏得尊敬

自一九九三年起，台灣有了「參與聯合國」廣告，一九九三年用協力車少了一人、一九九四年用交通號誌燈阻擋、一九九五年用拼圖少了一塊、一九九九年用沒有舞台的芭蕾舞鞋、二〇〇三年用

需要一張地鐵車票等來訴求台灣參與聯合國的必要性，都屬有創意、軟調（soft-selling）的廣告。但在爭取同情甚或贏得尊敬方面則稍嫌薄弱。

二〇〇四年的參與聯合國廣告有了顯著的改變，「不公平」（UNFAIR）、「集權國家≠民主台灣」、「飛彈威脅」等三篇廣告，較以往軟調的廣告更為直接、明確，若能在文案中加入「台灣在中國飛彈威脅下，仍然堅持民主政治自由選舉，並維持科技與經貿成長」之類的說明，更能爭取同情、贏得尊敬。此外礙於政策，廣告只能使用「參與」（participation）而沒有使用「加入」，亦使整體說服力減弱。

其他的形象廣告製作也應往「爭取同情、贏得尊敬」來思考，以建立廣告閱聽人對台灣明確的態度。

六、傳播訊息應長期維持固定調性

品牌形象的累積必須廣告能保持同一調性（tone and manner），但受限於政府採購法，每次廣告均須逐案招標，而得標廠商屢次更動，甚至形成平面廣告與電視廣告分屬不同代理的現象，因此產生廣告調性可能不一、傳播訊息不能維持長期一致性的現象。

七、應建構對台灣的獨特認知

想到義大利是「設計」（design）、法國是「時尚」（fashion）、日本是「品質」（quality），想到台灣會連想到什麼？整體而言，台灣國際文宣無論形象廣告或議題廣告均能達成個別任務（如訴求台灣科技、經貿成就、或保護動物），但綜觀全部廣告卻不能明確建構對台灣獨特的認知。

這種建構對台灣認知的USP（unique selling proposition）屬策略性的作法，不是由廣告公司來完成，必須由行政院新聞局甚至行政院本身做成決策——希望建構什麼樣的台灣圖像，來確立台灣的國際定位。當USP確立，有了策略與方向，廣告方能追隨克竟全功。

除了品牌形象外，尚有一些實務運作的建議可以參酌執行：

1. 整合政府資源，統一廣告調性與主題：政府各相關單位在推動對外廣告活動時，宜先協調整合主題，避免廣告內容重複，以節省政府行政資源，強化廣告效益。政府各機關在進行國際宣傳工作時，不宜多頭馬車進行，宜由行政院新聞局邀集各相關部會研商，如外交部、經濟部所屬外貿協會、交通部觀光局以及文建會等單位，並組成「國際傳播委員會」，制定年度國際整體文宣策略，確立廣告調性與主題，以維持一致形象與聲音。

2. 結合民間資源，共同參與擴大效益：政治性的宣傳往往不容易輕易為人所接受，要讓世人能認識台灣、瞭解台灣也絕非單靠國家有限廣告經費便可達成，因此政府應善用台灣社會多元開放的優勢，鼓勵民間資源共同參與，以擴大效益。國家廣告結合民間資源的方式，可由政府制訂統一的國家形象識別LOGO，以及電視廣告ending jingle（電視廣告結尾一秒或二秒的以聲音為主的訊息），交由民間廠商配合，配合廠商可在其平面廣告（報紙稿或雜誌稿）右上角出現台灣國家形象廣告LOGO，或在電視廣告以結尾出現台灣國家形象的ending jingle。配合廠商可由政府酌予補助廣告費用，以擴大廣告曝光量。

3. 與廣告代理商維持長期合作關係，以確保廣告策略一致：由於政府採購法規定，使得每年對外廣告必須經由上網公開徵

▼表10-1　「台灣」品牌指標運用建議

「台灣」品牌指標	運用建議
1.是否告知台灣基本資訊，傳達對台灣基本認知？	應使用長文案告知台灣基本資訊，長的文案會讓消費者覺得是在告知一個重要的訊息，廣告中必須告知閱聽人台灣的基本資訊，如地理位置、人口、政治、社會及經貿或科技狀況等，使外國閱聽人能建構台灣的明確圖像。
2.是否以特殊「象徵物」做為台灣特徵？	為累積一致的品牌知識，找出一個適當「象徵物」，並長期使用，絕對有其必要，如早期曾使用的蝴蝶，或是交通號誌的小綠人均是不錯的象徵物，「象徵物」只要適當，就無所謂好壞，適當且能長期使用就是好的「象徵物」。
3.是否與「中國」明確區隔？	文宣應避免使用「中國」符號，要與「中國」明確區隔，以免混淆。兩蔣時代國際文宣常強調「中華五千年文化」、說自己是"Chinese"、訴求「統一」或出現中國古文物，這些訊息均易與中國產生混淆，使台灣淪為附庸。
4.是否強調台灣對國際貢獻？	應強調台灣是國際社會一員，在世界經貿、科技體系，及人道救援均扮演重要角色。
5.是否有塑造對台灣國際處境的同情，甚或贏得尊敬？	廣告應往「爭取同情、贏得尊敬」來思考，不宜有自怨自艾的表現，自我示弱在西方文化中是不會贏得尊敬的，因此文宣應告知「台灣雖被孤立，但仍自立自強，願回饋國際社會」。
6.傳播訊息是否長期維持一致性？	品牌形象的累積必須廣告能保持同一調性，不宜每年比稿、更換廣告代理商，更不宜每年更換訴求主題、口號（slogan）。
7.是否建構對台灣獨特的認知？	應建構對台灣的獨特認知，換言之，台灣應有其明確的USP，即使是個別議題廣告亦應帶入台灣的USP，以建構閱聽人對台灣獨特的認知。當USP確立，有了策略與方向，廣告方能追隨克竟全功。

選，不同廣告代理商製作風格不同，使得廣告產生不連貫的情形。因此宜慎選廣告公司，並使用「後續採購」方式，使其長期服務，以維持廣告策略與調性的一致。

註釋

❶摘自洪良浩、官如玉譯（1984）《歐格威談廣告》，台北：哈佛管理，頁84-87。原著為David Ogilvy所寫的 *"Ogilvy on Advertising"*。

參考書目

一、中文部分

尹文博（1985），《英文中國日報、英文中國郵報社論內容再塑造我國國家形象過程時之作為研究──以國家利益及國力指標分析之》，台北：輔仁大學大眾傳播研究所碩士論文。

王月琴（1997），《國家形象設計視覺識別符號之研究》，台北：國立交通大學應用藝術研究所碩士論文。

古家論（1998），《我國國際宣傳組織及其功能之研究》，台北：國立政治大學外交學系碩士論文。

林家暉（2003），《中華民國對美國家形象廣告研究》，台北：中國文化大學新聞研究所碩士論文。

李義男（1970），《美新處「學生英文雜誌」內容分析》，台北：國立政治大學新聞研究所碩士論文。

周明義（1970），《我國政府主要對外刊物之內容分析：分析「自由中國評論」兼論我國當前國際宣傳改進之途徑》，台北：國立政治大學新聞研究所碩士論文。

吳介民（1990），《政體轉型期的社會抗議──台灣一九八〇年代》，台北：國立台灣大學政治所碩士論文。

吳圳義（1969），〈國際宣傳〉，《新聞學研究》，第4集，頁381-404。

呂郁女（1981），〈國家形象之塑造──從傳播之觀點談國際宣傳〉，《新聞學研究》，第28集，頁201-208。

范正祥（1991），《中華民國現階段國際宣傳策略之研究》，台北：中國文化大學新聞研究所碩士論文。

洪良浩、官如玉譯（1984），《歐格威談廣告》（*Ogilvy on Advertising*），台北：哈佛企管。

許淑晴（1992），《中美外交關係變遷與對美宣傳演變之研究——以外交部民國五十一年至七十九年宣傳稿為例》，台北：輔仁大學大眾傳播研究所碩士論文。

陳水扁（1999），《台灣之子》，台北：晨星。

陳雅玲，〈我們買美國？〉，《光華雜誌》（一九八七年六月號），頁101-105。

黃炎霖（1990），《塑造中華民國國際新形象之研究——國際宣傳途徑之探討》，台北：中國文化大學新聞研究所碩士論文。

黃振家（1997），「中華民國國際宣傳與國家形象廣告概況分析：1991-1996」，《中華民國廣告年鑑》，第9輯，頁125-136，台北：台北市廣告代理商業同業公會。

鄒筱涵（1996），《國家形象衡量指標建立之研究》，台北：國立政治大學企業管理學系碩士論文。

劉壽琦（1980），《美國與中共建交前後我國對外宣傳刊物內容之研究——以自由中國週刊為例》，台北：國立政治大學新聞研究所碩士論文。

鄭自隆（1974），〈The Case of Free China——十二幅廣告之研究〉，《報學》，第五卷第三期，頁70-73。

鄭自隆（1999），〈廣告與台灣社會：戰後五十年的變遷〉，《廣告學研究》，第十三輯，頁19-38，台北：國立政治大學廣告系。

鄭自隆（2003），《中華民國政府國際廣告研究》，行政院新聞局補助研究。

鄭自隆（2004a），《競選傳播與台灣社會》，台北：揚智。

鄭自隆（2004b），〈中華民國政府國際政治廣告回顧：「台灣」品牌知識之建構〉，當前新聞生態的挑戰與出路研討會發表（2004年9月），曾虛白先生新聞獎基金會主辦，見《當前新聞生態的挑戰與出路研討會論文集》，頁35-72。

蔣安國（1993），《我國對美宣傳策略與效果之研究——1949至1992年個案研究》，台北：國立政治大學新聞研究所博士論文。

鄧尚智（1987），《「光華雜誌」塑造我國國家形象之研究》，台北：政治作戰學校新聞研究所碩士論文。

羅森棟（1970），《傳播媒介塑造映像之實例研究——「今日世界」塑造中國人對美國良好映象之研究》，台北：國立政治大學新聞研究所碩士論文。

二、英文部分

Aaker, D. A., R. Batra, and J. G. Maers (1992). *Advertising Management,* Englewood Cliffs, NJ: Prentice Hall.

Aaker, D. A. (1991). *Managing Brand Equity,* New York: Free Press.

Aaker, D. A. (1995). *Building Strong Brands,* New York: Free Press.

Boulding, K. E. (1956). *The Image.* Ann Arbor, MI.: University of Michigan Press.

Bobrow, D. B. (1972). 〝Transfer of meaning across national boundaries〞, in R. L. Merritt (ed.), *Communication in International Politics,* Urbana, IL: University of Illinois Press.

Caudle, F. M. (1994). 〝National boundaries in magazine advertising: perspectives on verbal and nonverbal communication.〞, in B .G. Englis (ed.), *Global and Multinational Advertising,* Hillsdale, NJ: Lawrence Erlbaum.

Flesh, R. F. (1951). *How to Test Readability,* New York: Harper.

Keller, K. L.(1993). 〝Concetualizing, Measuring, and managing customer-based brand equity〞, *Joural of Marketing,* (January), pp.1-29.

Keller, K. L. (1998). *Strategic Brand Management*, Upper Saddle River, NJ: Prentice Hall.

Kelman, H. C. (1965). *International Behavior: A Social-Psychological Analysis*. New York: Holt, Rinehart and Winston.

Klare, G. R. (1963). *The Measurement of Readability*, Ames, IO: Iowa State University Press.

Martin, J. L. (1958). *International Propaganda: It's Legal and Diplomatic Control*, Minneapolis, MI: University of Minnesota.

Merrill, J. C. (1962). "The image of the United States in ten Mexican Dailies", *Journalism Quarterly* (spring), 39: 203-209.

Nelson, B. H. (1962). "Seven Principles in Image Formation", *Journal of Marketing*, 20(1): 67-71.

Pratkanis, A. & Aronson, E. (1991). *Age of Propaganda: The everyday use and abuse of persuasion*. New York: Freeman.

Pratkanis, A. R. & Turner, M. E. (1996). "Persuasion and democracy: Strategies for increasing deliberative participation and enacting social change", *Journal of Social Issues*, 52: 187-205.

Reeves, R. (1963). *Reality in Advertising*, New York: Knopf.

Ries, A. and J. Trout (1979). *Positioning: The Battle for Your Mind*, New York: McGraw-Hill.

廣告經典系列5

打造「台灣品牌」——台灣國際政治性廣告研究

作　　　者／鄭自隆
主　編　者／國立編譯館
著作財產權人／國立編譯館
地　　　址／台北市和平東路一段179號
電　　　話／（02）33225558
傳　　　真／（02）33225598
網　　　址／http://www.nict.gov.tw
出　版　者／揚智文化事業股份有限公司
發　行　人／葉忠賢
總　編　輯／閻富萍
地　　　址／台北縣深坑鄉北深路三段260號8樓
電　　　話／（02）2664-7780
傳　　　真／（02）2664-7633
E-mail／service@ycrc.com.tw
郵撥帳號／19735365
戶　　　名／葉忠賢
印　　　刷／鼎易印刷事業股份有限公司
ISBN／978-957-818-804-4
GPN／1009600095
初版一刷／2007年1月
定　　　價／新台幣450元

國家圖書館出版品預行編目資料

打造「台灣品牌」：台灣國際政治性廣告研
究／鄭自隆著.-- 初版.-- 台北縣深坑鄉：
　面；　公分.--（廣告經典系列；5）

ISBN 978-957-818-804-4（精裝）

1. 政治廣告

497.9　　　　　　　　　　95025546